自慢

如何成为一个有绝活的人

何飞鹏 著

CEO 的创业时代

3

電子工業出版社
Publishing House of Electronics Industry
北京·BEIJING

图书在版编目（CIP）数据

自慢：如何成为一个有绝活的人. 3/ 何飞鹏著. —北京：电子工业出版社，2019.5

ISBN 978-7-121-34616-3

Ⅰ. ①自… Ⅱ. ①何… Ⅲ. ①成功心理—通俗读物 Ⅳ. ① B848.4-49

中国版本图书馆 CIP 数据核字（2018）第 142625 号

责任编辑：王陶然
印　　刷：三河市鑫金马印装有限公司
装　　订：三河市鑫金马印装有限公司
出版发行：电子工业出版社
　　　　　北京市海淀区万寿路 173 信箱　　邮编 100036
开　　本：720×1000　1/16　印张：17.25　字数：274 千字
版　　次：2019 年 5 月第 1 版
印　　次：2019 年 5 月第 1 次印刷
定　　价：55.00 元

永远在寻找下一个挑战

——台湾《经理人月刊》陈芳毓

在台湾地区，城邦出版集团是个异数。单算杂志，城邦旗下的数十种杂志，横跨财经、商业、网络、女性、流行、理财、家居、运动、计算机、漫画等领域，是个不折不扣的杂志王国，更是台湾地区最大的杂志集团。单算图书，城邦旗下拥有商周、麦田、猫头鹰、格林等30多个出版品牌，每年出版1000多种新书，每年动销品种数量近万种，也是台湾地区最大的图书出版集团。

在台湾地区，每个人平均每年都会购买一本以上城邦出版的图书或杂志。城邦的出版物也销售到中国大陆和香港特别行政区，以及马来西亚、新加坡、美国等全世界有华人居住的地方。

城邦是全世界最大的繁体字图书杂志出版商

这个品类众多、规模庞大的出版集团，在20多年前只是个“小记者”的创业试验，这个“小记者”不愿意在大媒体集团里终老一生，因此开启了一段近乎爱丽丝梦游奇境般的创业之旅。

这个“小记者”正是何飞鹏，城邦出版集团现任CEO，早年就职于台湾《中国时报》。在《中国时报》号称“台湾第一大报”的时代，他是《中国时报》经济新闻小组的主管，掌管着所有财经产业新闻版面，也是台湾当时最知名的财经记者之一。何飞鹏访问过无数台湾地区知名的企业家：王永庆（台塑集团）、辜振甫（台泥集团）、吴舜文（裕隆汽车集团）……他也是台湾极少数从记者创业成功变身媒体集团负责人的典范。

在过去30年间，何飞鹏从1987年创办《商业周刊》开始，1995年创办《PC home》杂志，同年合并商周、麦田、猫头鹰三家出版社成立城邦出版集团，一直到2018年为止，创下了台湾出版界的纪录，创办了将近50种杂志，更是在台湾出版过最多图书以及创立最多出版品牌的人——数千种图书及30多个出版品牌，都是何飞鹏带领他的团队，一点一滴打造完成的。

2001年与当时的世界华人首富李嘉诚先生旗下的TOM集团换股，将整个城邦集团整合成一家公司，并入TOM，何飞鹏又从创业者变成职业经理人，城邦集团的壮大高潮迭起，极具戏剧性，何飞鹏则一直扮演着故事的关键角色。

从热血记者到铁血老板

说起何飞鹏的创业故事，要从1986年的一个决定开始。

那时何飞鹏已在《中国时报》做了4年财经新闻主管，由于报社的影响力，他成了台湾企业界争相巴结的对象。新闻工作的呼风唤雨，让何飞鹏沉溺在权威的光环中，再加上待遇不错，要离开报社，简直是件不可思议的事。

但外表的风光，抵不过内心的呼唤。何飞鹏知道他人生最精华的时光（30~40岁）将过一半，34岁的他，如果再不做任何变动，那这辈子将终老于《中国时报》。

夜深人静、午夜梦回之际，何飞鹏问了自己两个问题。第一个问题："我还要继续在《中国时报》工作吗？"何飞鹏的回答是："是！"因为有钱有权，日子过得风光。但这也代表着要维持这样的生活水平，他这辈子就卖给《中国时报》了。

他再问："20年后，我在报社会担任什么职位？"会成为报社老板吗？当然不可能，不过社长、总编辑、总经理等，他都可能做到，但何飞鹏没兴趣，因为这些职位都不安定。这些年来，他看过太多"领导"高高兴兴上台，凄凄惨惨下台，何飞鹏确定："如果我无法决定自己的去留，我这辈子都不会快乐！"于是，何飞鹏第二天立刻写了辞呈走人。做这个决定，他只花了 5 分钟。

➤➤很会做观察市场的新员工，却不会做主管

离开《中国时报》之后，何飞鹏在一本财经杂志《卓越》短暂担任总编辑，之后在第二年（1987 年）创办了《商业周刊》。

这并非何飞鹏第一次创业。早在大学时代，他就曾与家人开设"青年商店"（便利商店的前身），但他不会记账也不懂进货，创业处女航很快就触礁了。

第二次创业，何飞鹏 27 岁，他在老家天母创办《阳明山周刊》。当时他已是《工商时报》的员工，在工作与创业无法兼顾的情况下，未能逃脱关门大吉的命运。

第三次创业，何飞鹏 35 岁。当时的他干过记者、编辑、业务、出版等工作，已非"吴下阿蒙"，杂志社的运营模式又比报社简单许多。他自信满满，没想到却经历了此生磨难最多的创业之旅。

这次《商业周刊》的创业之举，让他在不到一年的时间里赔光了 1200 万元新台币的资本；第二年又集资 1200 万元新台币，结果一年之后又全数赔光。一次又一次的增资，何飞鹏和伙伴们借光了能借的钱，负债一度高达 1 亿元新台币。

"我们几个台湾第一大报的一流记者办的杂志，为什么会沦落到这步田地？"何飞鹏扪心自问。他赫然发现，问题的症结不在外部，而在内部，就在他这个不会经营的创办人身上！

"我很会做员工，但做主管却是个白痴！"何飞鹏回忆，创刊第二年，他拥有台湾当时最强的工作团队，但他却因为不会带人、不会理事、不会管钱，白白让团队在内斗过程中消耗、瓦解。

狠跌了一跤后，他恍然大悟：做员工和当主管，截然不同。记者何飞鹏凡事全力以赴，是个能"上马打天下"的好员工；但好员工没有经营管理经验，不会带领团队，是个不称职的创业者。打了天下却不懂"下马治天下"，他的

努力就显得不切实际、可笑而荒唐！

当何飞鹏发现这个残酷的事实时，巨额负债和沉重的责任，已让他无路可走。他只好死守《商业周刊》，决不放弃，每天过着“跑三点半”[①]、周转现金的日子，并且还要慢慢地改善内部的经营体制。

这样的日子整整过了 7 年，直到 1994 年，《商业周刊》出版社出版了一本狂卖 30 万册的畅销书，才为穷途末路的《商业周刊》带来了活水与转机。

➤➤不断观察市场的新契机

在《商业周刊》稳定之后，何飞鹏决定再次创业，因为他看到了“电脑学习大潮”已悄然兴起。

20 世纪 90 年代中期，电脑开始普及，正从办公设备逐渐变成家庭用电脑，这个趋势代表着有无数没学过电脑的成年人，要在短期内学会使用电脑。这就是“电脑学习大潮”。而当时市场上的电脑图书，都以专业人士为目标读者，他这个初学者，一本都看不懂！“一定还有很多人跟我一样！”何飞鹏立刻锁定“电脑初学者”市场，进行第四次创业，没想到获得了空前成功。

这一次何飞鹏的合作伙伴是才子詹宏志。1996 年，《PC home》第一期就卖出 15 万本，打破台湾地区杂志的销售纪录。之后，他们陆续创办了 20 多种电脑类杂志，奠定了台湾地区最大杂志出版集团的基础。同年，麦田、猫头鹰、商周三家出版社，结盟成城邦集团，后来又陆续创立了 20 多家出版社，形成了杂志、图书复合式经营的模式。

城邦集团建立在出版的“花园主义”之上——在这片出版的花园里，每个出版社都拥有独立的品牌和经营权，各自尽情绽放；但出版社借由横向策略联盟，建立共同制作、印刷、营销等平台，得以降低成本，应对外部竞争，就像希腊时代的城邦制度一样，这也改写了台湾出版业的游戏规则。

---

① 跑三点半：台湾地区的银行是下午三点半打烊，“跑三点半”就是四处周转借钱，再到银行结算，拆东墙补西墙，每天在银行关门之前把借来的钱打进去。

在全世界兴起网络热潮时，《PC home》杂志的品牌力也延伸到线上——设立的 PChome Online（网络家庭门户网站）一度成为当时台湾三大门户网站之一，现在则转型为购物网站，是台湾的上市公司。

➤➤成为台湾最大的出版集团

2001 年，是何飞鹏人生历程的转折点。李嘉诚旗下的香港 TOM 集团，以 25 亿元新台币并购了整个城邦出版集团及电脑家庭出版集团（TOM 集团母公司是和记黄埔集团及长江实业集团）。

这笔交易，虽然让何飞鹏从无法辞职的创业家，回归为职业经理人，但也让他首度见识到巨型跨国企业是如何用健全、严谨的管理系统降低决策错误风险、提高经营效率的。

49 岁前的何飞鹏，是朵长在野地里的花。他只靠天生的勇气和胆量，抵抗环境的诡谲多变和风雨摧残，建立了城邦集团的制度与运营模式。和记黄埔集团强调“check & balance”，信任职业经理人，只管住财务、法务，强调预算制度，一切按预算执行，稍有差异就彻底检讨，如此一来，即能确保旗下子公司的运作正常化。并入李嘉诚集团后，何飞鹏的管理眼界大开。

➤➤管理，让畅销书照计划赚钱，使理想书照计划赔钱

何飞鹏的管理启蒙，也来自许多台湾本土的企业家，其中包括台塑集团创办人、经营之神王永庆、王永在兄弟。在何飞鹏担任记者时期，就与王永庆有过无数次的深度访谈，台塑集团追根究底的精神和精准的执行力，也成了何飞鹏一生信奉的管理法则。

有一次，刚学会打高尔夫球的何飞鹏与台塑集团的王永在总经理吃饭。王永在说：“何先生，欢迎你到我们的长庚球场打球！”何飞鹏只当这是饭桌上的一句闲话，并没当真。几个月后，何飞鹏与朋友去长庚球场打球，他在柜台登记簿上签名，柜台接待人员把他的名字输入电脑后，立刻站起来说：“何先生，您是

我们的贵宾！”台塑集团的精准贯彻，让何飞鹏叹为观止。几个月前饭局上的一句闲话，竟然能从组织的最高层，一路落实到最基层，让客户感受到意想不到的服务！

精准的执行效率，从此成为他念兹在兹的追求。

《自慢》（《自慢：社长的成长笔记》）出版后，何飞鹏从鲜为人知的媒体经营者，跃居为上班族熟悉的畅销书作家。这是他生平第一本著作，谈的都是最基本的工作态度，却得到广泛反响，成为2007年台湾经管书销售冠军。让何飞鹏最有成就感的，并非作品大卖，而是他发现台湾的职场氛围，并非如他想的那般急功近利、趋炎附势，兢兢业业、本本分分做事，也能得到认同。

除了纸质出版，何飞鹏也不断在网络世界寻找新的事业机会。有一次，他跟一位年轻创业者相谈甚欢，决定由集团出资投资。但细谈后却发现，这位年轻人竟是自己的远房亲戚，为了避开“瓜田李下”之嫌，他决定改用私人资金投资。他谨守母亲的教诲，不因换了身份地位而懈怠。

创业30年来，何飞鹏始终在“文人”和“商人”的角色间，小心地保持平衡。他不喜欢被唤“CEO”或“董事长”，最爱的头衔是“总编辑”，那代表着对他专业的尊重。过去，他的办公室从没有多余摆设，连办公和会议桌椅，都是捡其他办公室剩下的；虽然近几年重新装修了，但柜子里摆的、桌上放的，不是杂志，就是书。何飞鹏相信，东西能用就好，人无须靠物质、头衔来装点门面，你自己有几分实力、是什么样的人，方寸之间自有定论，虚假不得。

➤➤何氏领导风：霸气、草莽、好强、幽默、海派、负责

员工喜欢、尊敬他，不是因为他的头衔，而是他独特的何氏领导风格。

尽管写得一手好文章，何飞鹏的形象和传统“文人”天差地别。他的外表和性格不见秀气斯文，反而有着创业者的粗犷坚毅，倒像个江湖上的大哥。他是滚滚红尘里的文化人，也是穷酸文人中的精明商人。

在他的观念里，员工可能会帮公司赚钱，也可能让公司赔钱；他不介意员工做错事，却恼怒员工不改坏习惯。

2008年5月间，何飞鹏的博客《社长的笔记本》里出现一则留言，标题为“五年后的忏悔信，现在的我，才懂当时的您”。这名员工当初由于跟上司理念不和，因而申请转调部门，并对何飞鹏当时的处理方式感到不满，多年后她才对自己所犯的错误和疏忽恍然大悟。

何飞鹏是非分明的个性，让员工愿意对他说真话，即使在会议上为了专业问题而讨论到互相拍桌子，也不用担心他会“秋后算账”。何飞鹏脾气来得快去得也快，若是自己不对，也能放下身段，认错道歉。

何飞鹏曾在集团内颁下一条“法令”：开会迟到者，必须90度鞠躬，自报部门、姓名与迟到原因，向其他与会人员道歉。没想到规定颁布没多久，何飞鹏自己就迟到了。

只见这位CEO走进会议室，深深地鞠了个躬：“我何飞鹏……”话没说完，同事们就半开玩笑地起哄：“没有90度！”为了不让头撞到桌子，何飞鹏立刻后退一步，重新行了个90度鞠躬礼。

➤➤人生，不该只有安稳上果岭

即使已坐上台湾地区最大出版集团CEO的宝座，何飞鹏也绝对弯得下腰、开得起玩笑，一如30年前那个痴痴傻傻的“小记者”。因为他这一生，工作、创业，不是为了名位和权力，而是为了乐趣，为了好玩!

他形容人生就像打高尔夫球，稳定地开球、上果岭、推进洞，就毫无乐趣可言了！最好有一些波折，打进树林，落进水塘，陷进沙坑，最后经过努力，排除困难，力挽狂澜，这才是有趣的人生!

而何飞鹏从不准备停下来，“还在寻找下一个好玩儿的目标”。

自慢者没有“天花板”

——丁磊（网易公司创始人）

在成为老板之后，经常有人问我，你欣赏什么样的员工？

我的答案20年来一直没变，即有激情和专注的员工。他们对自己从事的事业充满激情，并且专注其中。对于网易的游戏开发团队，我会希望其中的每个员工都要热爱游戏，做游戏的热爱者。做网易云音乐的小伙伴也是，很多人自己就是专业的词曲作者，或小有名气的古风歌手。我非常相信，只有真正热爱一件事，一个人才会有兴趣钻到里面，想方设法突破“天花板”，让自己和公司站得更高，看得更远。

这个社会需要一大批专业人士，每个人都需要一个“自慢”的绝活，这是我和飞鹏之间的共识。飞鹏是个非常专业的出版人，在台湾出版业打拼30多年，触角之多、成就之高，恐怕极少有人能企及。这几年，出版业面临很大挑战，他仍苦心经营，未言放弃。我觉得，他就是一个不折不扣的“自慢者”。

这套“自慢三书”，是飞鹏搭建出来的一个帮助普通人接近成功的模型，期望教你追逐“自慢”、学习“自慢”、实践“自慢”，成为一个成功的员工。你会发现，他所谈论的都不是远在天边、遥不可及的顶层管理学，而是日常的场景和通用的法则；他所观察的也非夺人眼球的新现象、新道理，而是诚信、努力、情义、公平、本分……这些基本的人性。

创业20多年来，我接触过很多人，包括成功的、不成功的和渴望成功的人。

我发现，中国人对成功的看法是非常矛盾的。大家很渴望获得一种“速成的”成功，所以我们看到“成功学”成了出版界难以舍弃的一门大生意。但同时，大家又认为这种期望不太现实，所以喜欢将成功的路径渲染得深不可测，而忽视了日常的力量。成功的关键，原本就是那些最基本的道理。

这些道理，渗透在一个人日常的言谈、处事和每时每刻的思考中。它们既细微又绵长，最后统统装进我们头上那颗不过重1400克的大脑中。所以，我觉得，一个人想要接近成功，就要尽量去接近那些成功者的大脑，去接近他们的日常生活，模仿他们的态度，学习他们一点一滴的思考方式。

“自慢三书”的价值，或许就在于此。它不会让你的脑子变得更聪明，但会让你用更聪明的方式去工作。它可以帮你关注日常，重视日常，培养“自慢”，实践“自慢”。

你可能会因此更认可“一万小时定律”，因为“自慢”是永不停歇的反复练习。你会发现，德国人的刀具、日本人的电器、印度人的地毯、中国人的茶叶，这些东西之所以拥有顶尖的品质，正是因为它们无一不倾注了“自慢者”毕生的苦功；你也可能会更相信经验而非天赋的效用，因为“龟兔赛跑”的结局如若不是天定，那一定是乌龟用对了方法、吸取了教训，才跑赢了兔子；你还可能会更痴迷“小步快跑，快速迭代”的互联网哲学，因为对“自慢者”来说，永远没有“天花板”，只有“星辰大海”。每个“自慢者”都是一个敏捷开发的产品，想要与世界这个超级系统兼容共振，就要不断升级迭代，让自己逼近完美。

因为看了这本书，因为实践“自慢”的哲学，你可能会得到一份更理想的工作，可能会对人生有更深入的理解，也可能一切如故。但如果能有幸见证你从1.0版升级到2.0版，那就是这本书所能达成的最大价值。

一个快乐大哥的职场私房话

——吴晓波

一

我管何飞鹏叫何先生。

这不是客套，而是一份敬意：他是出版界的前辈，而且是我特别赞赏、难得的性情中人。

我第一次见他是十年前，《激荡三十年》的中文繁体字版即将付印，在台北书展的发布会上，远流出版社的人告诉我，请了一个“大咖”来助阵。话音未落，一位满头白发的中年人就一跃跳到了台上，“劈头盖脸”地对我一阵夸奖。

我脸上的红晕还未消去，他已经跳下讲台站到了我的身边，用很欢快而直接的口气对我说：“我是何飞鹏，你的《大败局》签掉了没有？可不可以给我？”

何飞鹏是台湾地区最大的出版集团（城邦出版）的老大。

就这样，他把我从远流出版社一把抢走。从此以后，我把几乎所有版权输出到台湾地区的图书都交给了城邦。

二

何先生跟我一样，是记者出身，干了几年，手痒“下海”，做起出版，从此一发不可收拾。他为人豪爽，身段柔软，因而交友遍天下。我后来认识的台湾朋友，大多数都是他介绍的，而我吃到的台湾好馆子，也半数是他领我去的。

别看何先生一头白发，其实很有欺骗性，因为那是少白头。在他的心里一直住着一个顽童。我跟他在一起，谈正事少，说八卦多。2016年，《吴晓波频道》包下一艘邮轮搞社群狂欢节，来的大多是“80后”，没想到在邮轮上居然遇见了何先生和他太太——他们悄悄报了名，不亦乐乎地玩了好几天。

城邦在我的书上赚了多少钱，我不知道；不过很快，我就让何先生亏了一笔钱。

城邦在台湾地区不但图书出版第一，而且是最大的杂志发行商，何先生旗下有数十本杂志，除了名气最大的《商业周刊》，我最喜欢的是《经理人》杂志。

有一年，我向他提议，大陆的经理人群体刚刚兴起，而且缺乏一本好的管理、职场类杂志，可否把中文繁体字版《经理人》引进到大陆。何先生一拍我的肩膀，就这么定了。

然后就有了《蓝狮子经理人》杂志的诞生，我跟何先生联手入股。为了杂志的刊号、发行等事，何先生煞费了一番苦心。

很可惜的是，这本杂志生不逢时，上佳的卖相和内容赶上了互联网的低潮，仅仅一年，就把注册资本赔光了。从此，我转战新媒体，而何先生则关注数字出版和网上书店。

三

除了是一流的出版人，何先生还是一位畅销书作家。他的成名作，也是发行量最大的，就是此次出版的《自慢》系列。

这一套书文风平实朴素，满篇尽是谆谆之语，用真实职场的体验和案例，举重若轻，讲出了深刻的道理。比如在最开头的一小节，就用“工作像蚂蚁，生活像蝴蝶”来比喻一个初入职场的年轻人应当有的心态，其用语简单，却极为精准。

“自慢”一词在汉语词典中寻觅不到，我原本以为是何先生的发明，意思是慢工出细活，一种“与众不同的背后，是无比寂寞的勤奋”式的格言，后来他告诉我，此词来自日语，形容自己最擅长的事，意思是未必比别人更好，但绝对是自己最自信、最有把握的事，大有在自己的能力范围内做到极致的意味。

不论是原意，还是曾被我误解的意思，都指向了大致相似的目标，以此来形容职场应当有的态度，再适合不过了。

在“自慢”的主题之下，每一册都各有其精髓。

第一册，讲的是初入职场的工作心得，既有观念态度、成长经历、专业方法，又有职场关系和职业生涯的抉择。

第二册，总结管理心得，讲的是如何用人和管理团队，以及做主管常遇见的问题。

第三册，讲的是创业心得。多年以来，我见过数不胜数的创业者，自己创办出版企业和自媒体的时间也超过了十年，深知创业若无对事业爱之浓烈，则难有令人满意的结果，非得“以身相殉”不可。

大凡有所成就的人，其职业生涯，都有共通的轨迹，许多时候也是摸着石头过河，会有面临难以抉择的时刻，并最终闪耀而出。这其中，某些态度、特质、价值观和执行力，是这些人所共有的部分，也是不容易变化的部分。

“自慢”，就藏在那些不变之中。

今天有机会为何先生的书作序，对于我来说，实在是荣幸和开心的事，因此，我又多了一次与老大哥亲近的机缘。

推荐序

创业者言
兼序《自慢：如何成为一个有绝活的人 3》

——詹宏志

在出版生涯的中期，我曾经说："我宁愿一年写 12 本书，也不愿意办一本杂志。"这句话并不是我故作惊人之语，而是有真实的人生体会。

在此之前，我担任过一家畅销周刊的总编辑，我对"周刊"（或任何定期出版的刊物）伴随而来的"作息"，有一种刻骨铭心的感受。周刊是一种快节奏的编辑工作，我们的作息大体上是围绕着每周出刊的周期而进行的，生活、思考也如此。后来我离开周刊之后，惊觉工作周期对人生的影响，心生恐惧，因此有了上述的惊人之语。

除了说过不办杂志，我也说过"不创业"，还半开玩笑地说："做老板最大的麻烦是不能辞职。"我说的玩笑话其实也是肺腑之言，如果我们自认为是有本事的人，不怕失业，那么工作不合心，自然可以挂冠求去。但创业者是"自作孽，不可活"，没有拂袖而去的潇洒了。

但上面言之凿凿的两句话，在 1996 年我都食言了。那年 2 月，我参与了一个事业的创办，而那个事业是一本杂志。

熟悉后来故事的人都知道，我指的这本杂志就是《PC home》，而我也因为这一次的创业，引发了后来一连串的创业，也经历了一场像"三温暖"[①]

① 三温暖：指桑拿（Sauna），一种利用蒸汽排汗的沐浴方式，起源于芬兰。

般点滴在心头的人生体验。而促成我这次人生重大转变的，就是本书的作者何飞鹏。

➤➤全世界都错了，才值得创业

1995年，我已经“快乐地”失业在家有一阵子了。我颇享受自己的失业生活：一方面，我有很多的时间去学习我很想学习的东西，在那次辞职后的生活里，我有机会去学日语、游泳，以及做意大利菜，这些都是我想了很久却找不到时间去学习的事情；另一方面，我也不愁吃穿用度，因为我手头上还能接到一些出版同行的案子，供我不求奢华的生活是够用了。套用李敖先生对我说过的一句名言：“在家看书写作，赔钱我都干，何况还赚钱。”

可是有一天，我家的门铃响了，开门一看，老朋友何飞鹏站在门口（他那边的故事，请参看本书第1章第3节）。他过来与我商量、讨论出版一本家庭电脑杂志的可行性。我在离开原来的出版单位时，做的最后一件差事正好是争取比尔·盖茨的新书《未来之路》（*The Road Ahead*）的版权，我因此读了一点书，内心对电脑即将带来的巨变有一些期待与想象。一如往常，我对提出课题的朋友总是大放厥词、言无不尽，我对何飞鹏说：“现在办这样一本杂志，只会错在太早，不会错在太迟。”

受了我的激励，这位人称“永远的何社长”、我朋友当中真正的“行动派”何飞鹏，走出我的家门，不到一周就筹集到了足够的资金。我虽然在一旁敲边鼓，但并不知道自己即将“大祸临头”，不知道这件工作最后会落到我的头上，成为我“自食其言”的起点。

回想起来，刺激我跳出来参与工作的不只是何飞鹏的“精心陷害”，更是源于一种“全世界都错了”的VISION。我、何飞鹏以及后来的李宏麟不断讨论着这项工作的意义与可能性，我们脑中逐渐形成了一种愿景，而当我们对外讨教、咨询时，得到的意见和看法却并不一致。但愿景已经形成，我们多么希望能够付诸实现，这就是创业的动机。

直到今天，我还持同样的看法——你一定要强烈地觉得“全世界都错了”，才值得去创业。创业，是因为你有一个想法，并渴望得到验证。你不能只因为追求财富或成就去创业，那些力量都是不够的，不足以让你战胜一切艰难和险阻。这几乎与何飞鹏在书中提到的“以身相殉”完全一致。

➤➤创业是“一点到全面”的历程

创业的起点只是一种“起心动念”，而踏进创业世界是“一点到全面”的历程，很少有人是做好一切的准备才开始创业的。事实上，创业所需的“技能组合”颇为复杂：你当然要熟悉某个知识领域（Domain），譬如办杂志的人总要熟悉杂志；你还需要具有经营企业的某些基本功，譬如领导、管理、财务，缺少任何一项都有可能成为罩门（致命弱点）。你可能是因为“一点”而进入创业之门，但你最终必须把自己变成“全面”的通才管理者，使企业能够得到更好的发展。也就是说，创业要求我们必须从会一件事到会所有的事。

创业一开始是一种“见解”，之后就是磨炼、坚忍、坚持了。

创业有时候顺利，有时候不顺利，或者一开始顺利，然后就遇见急流。我们甚至可以带点哲学意味地说：“成功，只是通往下一个失败的过程。”你一定与某种挫折和失败，或者痛苦和折磨为伍；但你有进无退，必须持续努力。事业的生命甚至应该超过你的生命，即使你离开了，事业还在持续。

创业以后，我的生命轨迹当然不同了。我也说不出是应该感到幸运，还是悔恨，但创业之后，事业本身风谲云诡，我的确大开眼界，经历了人生不曾预见的波澜壮阔，我是不该抱怨的。但如果我能够给后来的创业者提供一点建议，那么我会说：“创业要趁早。”因为企业的道路是曲折的，要有足够的时间去经历，才能看到结果。我也会说：“要选择值得做的事。”我还要提醒你：“要大胆勇敢，也要谨小慎微。”

最后，如果你不想创业，不要认识何飞鹏；如果你想要躲避创业的风险，千万不要翻开这本书。

增订版序

世界改变，但创业的原理不变

这本创业书首次出版于2009年，那是网络正在改变世界的时候。

严格来说，那还是一个传统产业的创业时代。现在改变世界的FAAMG（脸书、苹果、亚马逊、微软、谷歌）五大公司，当时有的刚刚崭露头角，有的还未成为巨兽，所以这本书谈的还是传统的创业模式及原理，因为那时还看不到剧变后的网络世界。

而我自己的创业经验，也还缺乏对网络世界的探索，所以书中所述仅止于传统世界。

不过当我下决心修订这本创业书时，我发现需要更改的地方并不多，原因是这本书谈的是创业的基本原理，而世界无论如何改变，创业的基本原理都不变。我只更改了两个部分的内容。

其一是我补写了一篇经历，描述了我在2007年之后，对网络世界的探索。在这11年期间，我经历了网络创新最痛苦的煎熬。

这11年间，传统纸质媒体受到了“不创新，就灭亡”的威胁，网络世界不仅改变了人类的阅读习惯，也改变了知识传播的途径，使整个传统产业急转直下，步步危机。

我在这种环境下启动了公司的创新、创业大进攻，我们火力全开，从各种可能的方向开创新的事业，在摸索中与市场一起演化。最终，我们让两家网络公司同时扭亏为盈，成功地走向数字世界。

其二是我增加了20多篇与创新有关的文章，这些文章都是我在2009年之后陆续撰写的，也都是我在创业过程中的体悟。增加的这些文章，让这本创业书更加完整。

我一向认为创业是有为之人改变世界的最好途径。创业可以对社会进行破坏性创新，可以填补社会的缺失，也可以弥补社会的不足，创业推动世界进步。

创业也是自我救赎、自我改变的最佳方法。创业成功最实际的成果就是财富自由，可以不再为金钱所困，可以有所作为。当然，创业也是个人自我实现的证明——把一件事从想象，到一步步具体化，变成具体的事业，最终满足社会大众的需求。

我一直鼓励年轻人，如果想拥有不凡的人生，创业是最好的途径，虽然创业的风险很高，失败的概率也很大，但只要勇于尝试，多试几次，成功的概率就会大增。

所以想创业的人，要趁早行动，因为越早创业，成功的机会就越大；就算失败了，也有更多的时间与精力，可以再试一次。

创业一定要有明确的创新，如果我们只是复制别人已经在做的、世界上已经存在的业务，那么这不是真正的创业，因为这样的创业不会给社会带来改变，且成果也乏善可陈。

创业往往要做大家都不认可的事，如果大家都认可，代表这件事大家都知道、都能看懂，那么这件事一定不是创新，因为创新的事，大家肯定都不知道，也看不懂，当然也就不会认同。创业者一定要有眼光、有胆识，走一条别人都不认可的小路，然后“独持偏见，一意孤行”。

最后要提醒所有的读者，别人的经验可以参考，但绝对不能复制，每个人的创业过程都不相同，要设法消化书中的知识、经验，然后融会贯通，走出自己的路来。

原序

人生快意走一回

我为什么永远都在创业？

这一生，我不是正在创业，就是在准备创业中。

这一生，我从未拥有过很多钱，但钱总能在山穷水尽之际出现，在心灵中，我没有缺过钱。

这一生，我没有伟大的功业，但我没有看过任何人的脸色，我说我想说的话，做我想做的事。

这一生，我没能改变世界，但世界总在按照我所想象的方向，缓缓前进。

这一生，按世俗的眼光，我没有令人称羡的成就，但我按照自己的意思，快意潇洒地过日子，我哭过、苦过、乐过，我活出我自己，我用最平凡的方式，活出我自认为不平凡的人生。

这一切，都是因为我选择做我自己人生的庄家，我不愿成为别人的附属品，我宁可改变自己，也不愿被别人改变。

这一切，都是因为我选择创业，选择按照我自己的意思，营造我想要的环境，创业让我的人生快意走一回。

这就是规则。你可以创业，创业代表你准备在世界上建立你自己的王国，制定你自己的律法，营造你自己想要的一生。

这就是我一辈子持续不断创业的原因。

➤➤过程的趣味重于结果的已知

虽然大部分的时间我都在给别人打工、帮老板做事，但我知道，一旦我准备好，一旦我看到机会，我就会拔剑而起，走我自己的路，用创业创造我想要的未来。

我不确定一定会创业成功，但我确定我不想要那种从一开始就知道结局的人生——领一份固定的薪水，安稳地过一辈子，我不要这种平淡无趣的人生。而创业充满未知，就算失败也是一种经验的积累，我宁愿用有限的生命去探索变化莫测的未知，用每一分、每一秒的未知来丰富我的人生。

这是一种选择，没有对与错，如果你和我一样，重视的是过程的趣味，而不是结果的已知，那么创业就是你的最佳选择。

我也不想在金钱的限制下过一生：我不想只在杂志上欣赏世间美味，我也不想只在电视上环游世界，我更不想遇到自己喜欢的事物，却因囊中羞涩而只能摇头叹息。创业就是让金钱向你臣服的方法。

当然，创业未必能够成功，你也未必能够驯服金钱，但我不想这一生连驯服金钱的勇气都没有，好歹也要试一下。

我讨厌老板，我更讨厌其貌不扬、言语乏味、才德不足，只因为他曾经放手一搏，从此变成你要虚与委蛇的老板。如果这样的人都可以当老板，那你为什么不自己试一下？

我喜欢自由，我想用自己的方式过生活，但偏偏要遵照社会的规则，即金钱是计算自由的单位，缺少金钱就意味着缺少自由。我不能容忍失去自由，因此我选择创业。

➤➤不创业不代表零风险

虽然我讨厌风险，我也知道创业充满风险，但问题是不创业就没有风险吗？21世纪的社会规则是：你安安分分地打一辈子工，临退休时被最赚钱、最安稳的公司裁员，然后一生的保守谨慎全数归零；或者你将一生的积蓄存在最安全的银行，但银行倒闭了。

我很庆幸自己没有逃避风险、选择安定，当全世界都处于不安定时，我用自己的方式冒险，没有让别人来决定我的人生。

最后我想说，我创业始终没有成功，因为我离郭台铭、王永庆的境界还远得很，但这一生，我拥有自由。

我，人生快意走一回。

目　录

Chapter 1 我的创业故事

我一辈子都迷恋创业，
原来我身上流着的是父亲创业的血液，
我的创业基因与生俱来。

天真的创业游戏

我一辈子都迷恋创业，却不知道原因何在，
直到 2007 年母亲离我而去，
为了制作一本母亲的纪念集，
仔细回顾了母亲与我的点点滴滴，
也兼及了那几乎完全没有印象的父亲，
我才赫然惊觉，原来父亲和我一样，
一辈子都在冒险，都在玩创业游戏，
我身上流着的是父亲创业的血液，
我的创业基因与生俱来。

1 源于父亲的创业基因

父亲在我 6 岁时就离我而去，所以我对父亲完全没有具体的印象。对父亲的记忆，只有一些偶然留下的片段，完全连不起清楚的全貌，但在这些片段中，我已经可以确定父亲经历过比我还疯狂的创业冒险，以及令人惊叹的曲折起落。最后，他更是用令人窒息的方式结束了自己的生命，留给我们无限的哀伤与叹息。

创业陷阱

创业者需要具备特殊的创业性格，冒险、好奇、坚毅、挑战，都是创业性格的特征。不具备创业性格的创业者，要通过学习培养创业性格。创业前请先自我审视，确认自己的性格特征。

从小母亲就告诉我（在父亲走了之后，她独自辛苦地抚养我们 8 个兄弟姐妹），这世界很公平，前半生她过了最奢华的少奶奶生活，后半生辛苦求活是应该的。

南京城内的流金岁月

母亲口中的少奶奶生活，是因为父亲的生意风生水起。在那个年代，我家就有奔驰汽车、佣人无数。在南京，来自台湾地区的何二老板（父亲是老三，为何被称为二老板，我没来得及问母亲）豪迈大方、乐善好施，是南京城中最知名的商人之一。

创业陷阱

柔软度高，适应力强，乐于与人相处、分享，也是创业者的重要特质。一毛不拔、吝啬小气的人，成不了大气候。

我父母都是台湾本地人，抗战期间，父亲远渡海峡到南京做生意——那时有许多人都做了类似的事，南京成了许多台湾商人的梦想之地。

我没来得及向母亲问清楚父亲做什么生意，仅记得些许的片段：母亲说当时父亲做的是民生必需品的生意，南京附近的溧水县全县的柴米油盐等日常必需品，全数由我父亲供应。那是战时，战时的垄断生意可能比一般的生意好做一些。

总之，父亲在南京赚了许多钱，而母亲在第二年也赶到南京与父亲会合（在年轻、潇洒、有钱的父亲身边，就近监督是必要的），而那 8 年，可能也是父母亲一辈子最风光、最快乐的 8 年。我的 3 个姐姐都是在南京出生的，我虽然没赶上，但是家中留下来的各种物品、照片，点点滴滴都见证了当年父母亲的流金岁月。

家中抽屉里多的是银行的旧钞券，那是物价飞涨的年代，家中有许多百万元的钞券，至于龙银等旧币，更是不计其数。

家中还有一块犀牛角，小时候有一个拳头大，那是发高烧时的退烧圣品，用陶钵和水磨成乳白色的犀牛角水，是我感冒时常用的药方。这块犀牛角及陶钵在天母全村中流转，母亲从不吝惜这种贵重药品，说“救人是好事”。当我长大时，这块犀牛角已经用到不能用的大小了。

从小我对南京的风景名胜牢记在心，因为家中有无数的照片，中山陵、明孝陵、玄武湖、莫愁湖、雨花台等，大姐、二姐、父亲和母亲都出现在照片中，我们一直羡慕大姐曾游遍南京这座历史名城的所有景点。

为了寻根，几年前我们全家组了一个旅游团到南京，除了走遍南京的景点，更重要的是到“游府西街”——当年父母亲住的地方去看一看，只是游府西街已变成南京的闹市区，那里商店林立，连大姐也完全无法回溯儿时的情景。

父母亲的富豪时光随抗战结束而结束，国民政府接收南京后，秩序大乱，父母亲仓皇逃回台湾，将所有的财产都留在了南京，未能及时带回。

一连串创业冒险的开始

父母亲逃回台湾的故事就像电视剧里演的一样精彩。当时，父母亲要从下关码头坐船回台湾，一切财产行李都已打包妥当，但前一天晚上，南京的乞丐头子（黑帮组织）到家中来报信："二老板，南京的所有人都知道你明天要回台湾，从你家出门到下关码头，起码有5票人要抢你。你的家丁们保护不了你，你最好不要与车队同行，以免发生危险。"正是因为他的警告，父母亲与3个姐姐才能够活着回到台湾。

乞丐头子为何会通风报信？母亲说："你父亲为人仗义，对他们非常照顾，所以他们非常感念你父亲。"

创业陷阱

财富是一种原罪，创业有成，有了财富之后，要更加谦虚、更加包容，尤其不能得罪辛苦人与穷人，否则会自食其果。

父母亲在凌晨3点，带着3个姐姐先行离家潜赴下关码头，而车队在早晨才上路。在码头，父母亲没等到行李，只等到车队被抢，家丁们死的死、伤的伤的消息。

父亲在南京的创业冒险，以令人惊叹的剧情结束，但也开启了父亲回到台湾之后一连串的创业冒险。

回到台湾后，父亲用先前寄回台湾的一些钱，不断地想再创南京的风光事业。他先在台北市后车站太原路上开了一家五金行，半夜回家，父亲会先到圆环买煮好的鱼翅给母亲和姐姐，大姐至今对父亲的鱼翅仍充满怀念，在那这段刚回到台湾的生活里，我家还有富豪的影子。

后来父亲还做了货运行和出租车的生意，这在当时的台湾都算开风气之先。父亲仍忘不了回大陆做生意，因此包下老家天母（天母盛产桶柑）整山的橘子园，并雇人采收、包装，再运到南京、上海销售。

回到台湾后的短短几年，父亲尝试了无数生意，也赔光了所有积蓄。当时的台湾百业不兴，父亲的生意眼光无用武之地，我们何家风光的日子从此不再。

创业陷阱

创业不能与环境为敌，当外界环境不佳时，要能忍耐，要保守，不可勉强启动生意。父亲急着复制南京的经验，却不知在当时的台湾是行不通的。

接下来，父亲的生命以令人窒息的方式收场。

父亲的最后时光，成了公交车司机，用上了他在最风光时学会的驾驶技能，为了抚养 8 个孩子，他夜晚还在天母的外侨小区兼职守卫。当时的天母外侨众多，为了维护安全，外侨小区警卫森严，父亲白天开车，夜晚还要熬夜做守卫。

有一个晚上，父亲守卫的外侨小区发生盗窃案，这在当时的天母是件非常严重的事，因为政府对于外侨的安全极为重视，警察被要求限期破案。不幸的是，盗窃案发生当晚正好是父亲值的班。

天母的警察找父亲问话，虽问不出名堂，但急着破案的警察找来一只鞋子，说是在外侨小区的现场找到的，应该是作案小偷遗留下来的，警察要父亲试穿，又暗示说这鞋子是公交车驾驶员习惯穿着的式样。

警察的指涉不言而喻，而父亲一辈子没受过如此奇耻大辱，在隔天晚上又轮到他守夜时，他就在外侨小区的一棵大树上，上吊自杀以明志。

在当时的天母，这是惊动全村的事，村民们群情激愤——每个人都知道父亲热心、正直，虽家境落魄，但绝不至于如此不堪，而父亲留下的绝笔书，也说明了他的愤怒与绝望！

这件事差一点变成当地人和外省人的纠纷，乡亲们把这件事解释成一个外省警察欺负善良老实的当地人，把人逼得自杀。

创业陷阱

上天欺负可怜人，屋漏偏逢连夜雨。在处境艰难时，更要小心谨慎。创业失手时，厄运可能会连续降临，创业者要有心理准备，不能想不开。

最后虽然警察道歉并洗刷了父亲的冤屈，但我们这 8 个失去父亲的孩子，从此只能伴随母亲一起度过艰苦的成长岁月。

父亲勇于冒险，一生大起大落，这些故事都是在 2007 年母亲过世时，我们兄弟姐妹一点一滴拼凑起来的剧情。我终于知晓，原来我的创业精神来自父亲，我的身上流着父亲冒险的血液，而我也以父亲为荣。

我这一生所有的努力，其实都只在“无愧于所出”，希望不要辱没我父母一生的教诲。在我家的祖先牌位中，供着 8 个字——“孝悌忠信，礼义廉耻”。这是我家人一生的信仰，父亲用生命维护他的声名，我更用我一生的行为，维护何家的教养。

2

何家的创业“家家酒”

我的创业冒险，从年轻时就开始了，而且源于台湾地区社会的变迁。

我在台湾政治大学念书的时候，负责台湾地区农业推广的部门为了改善传统市场的脏乱现象，强化生鲜蔬菜、肉品的销售，提出了构建新渠道的计划，要在小区中推广建立小型超市，并结合了“青辅会”的力量，对有意创业的青年提供帮助。这项计划被称为“青年商店”，也是 20 世纪 70 年代初期台湾市场掀起的第一次渠道革命。

与其说是我创业，不如说是我们兄弟姐妹的一次集体创业行动。首先被这个机会吸引的应该是我的二姐和二姐夫，他们在家庭聚会时提出创办“青年商店”的构想，很快获得了大家的认可，并立即展开行动。

创业陷阱

创业是重大的事，要深思熟虑后再行动，绝对不可以冲动，尤其不应该是一群人、集体的一时兴起。许多人一起投资一个案子，大家的情绪互相感染，每个人都以为别人已经彻底想透了，也都以为别人可以负责，而事实是没有人想清楚，也没有人负责，集体的创业行为很可怕。

创业的方法也很简单，大家有力出力、有钱出钱，创业的几百万元新台币的资金全是几个姐姐、姐夫凑出来的，开店的地点在大姐夫位于天母兰雅靠近大叶高岛屋百货附近的公寓一楼。用了两个店面，而创业者是我，因为申请青年商店的条件有年龄与学历的限制，所以我成了出名申请的创业者。

创业陷阱

创业绝不可以迁就现实，尤其经营零售业，地点通常决定成败。当时，青年商店的地点位于一个开发不完全的小区，那里是不适合开店的。

在我的印象中，青年商店像变魔术一样，很容易就开张了，我只参与了其中几项工作：向主管机关填写开设申请，参与采购冷藏柜、货架，协助店面规划进货，以及取了一个店名——“合家欢青年商店”。

创业前的充分评估

冷藏柜和货架是青年商店最重要的生财设备。之前我完全不知道开设一家店需要多少钱，直到购买冷藏柜时，我才发现如果要符合主管机关能贩卖生鲜蔬菜、肉品的要求，需要几台开放式的冷藏柜及冷冻柜，仅此一项就需要大约 200 万元新台币。我这才猛然觉醒，青年商店总投资金额竟然高达四五百万元新台币，那是一个我当时很难理解的天文数字。

创业陷阱

创业之前要做精确的财务预算，对所需的总资金要计算清楚，创业者要事先准备。我当时完全是个外行，对财务没概念，根本不应该创业。

我和姐夫们按照政府提供的厂商资料，一家家地询价、研究，才发现原来其中有许多的学问。我们不知道该如何选择冷藏柜的外形、功能、耗电量与价钱，只好被最积极推销的厂商牵着鼻子走，花掉了最大的一笔钱。货架也是如此，虽然我亲自跑去生产厂商那里看货——那是一家位于台北市重庆北路的小工厂，但我发现那家生产厂商的老板也是在主管部门推动青年商店计划时，才尝试生产货架的。我心中不免有些担心，但由于这是距离最近的厂商，也只好买了他的货架。

在自己开了店，也参观了别人开的青年商店之后，我发现我们所买的这两种设备都不是最好的，还有其他设计更好、功能更好的商品，我竟然在未充分比较和分析的情况下，就做了决定。

创业陷阱

创业时最重要的投资，可能是生产设备、房屋等，这些资产都要仔细比较分析之后，确定价格最优惠、效能最佳，才能下手购买，这可能决定创业的成败。

店面规划则是另一门学问，由于大姐夫的房子有两个相连的店面，所以我们决定打通中间的隔墙，开一家比较大的商店。也因为如此，我们在动线（商业体中客流的运动轨迹）规划时，煞费苦心。

我决定把店门开在较不明显的店面，而将另一个位置较佳的店面封闭，改为落地窗陈列货品，试图让过往行人能看到丰富的货品而走进店来，并且在进来之后能够走完全店，而且将最重要的生鲜食品冷藏柜也放在封闭的店面——那是全店最深的位置——以吸引客户。

我凭直觉把货品分成几大类别：生鲜食品、一般杂货与日用品等，然后分别归类陈列。在开店的头一年，我最常做的事就是改变陈列、变动货品位置，看能不能达到促销的效果。

存货与销量的迷思

进货是另一项大工程，当市场传出我们要开青年商店时，所有的供货商都自动上门，我每天都会遇到各种不同的供货商：有大公司的销售员，有一般的中间商，也有个别的小个体户。我就像刘姥姥进大观园一般，变成“老板”，每一个想卖东西给你的人，都会想尽办法来取悦你，或者给你一些建议，或者设圈套让你上当。

创业陷阱

创业者是老板，每个人都会取悦于你，希望从你手中得到好处，创业者一定要加强心理防范，绝不可以在被奉承之后就忘乎所以，错下决定。

到现在我还记得当时最惨痛的进货教训。有一个洗衣粉厂商叫“蓝宝”，虽然不是一线品牌，但它的销售员非常认真，努力推销自己的商品，他们当时推出了一款超大包装的洗衣粉，足足有20千克，用像水泥袋一样的纸包装，而且售价比较便宜，进货也有极大的折扣：一次进50包一个价钱，进100包再降价，进200包又降价。

这位销售员不断地称赞我们店的地点好、店面大，开店后生意一定很好，最适合贩卖这种超大包装的产品，所以鼓励我们一次大量进货，这样可以享受很大的进货折扣，获利也比较高。

我开始想象产品毛利率可以高达30%以上，这是多么高的利润呀！当时，一般商品的毛利只有16%左右，就是“买10卖12赚2”的标准模式：进货一打（12件），零售价就是用进货价除以10，卖完10件就收回成本，另外2件卖掉了就是净赚的。最后，我们进了大量的洗衣粉，约300包，没想到这批货我们卖了三四年都没有卖完，那真是一场悲剧。

创业陷阱

成本低、毛利率高，当然是生意的理想状态。但是成本低的产品，一定要能卖得掉才行。一般而言，好做的生意背后一定隐藏着陷阱，创业者务必要想清楚。

“合家欢青年商店”背后的创业大忌

至于店名，也经过了几次波折。本来想用地名，取名天母或兰雅（地名），但都不出色；也考虑用路名——中十二路，是个很怪的路名，也不妥当；本想取个文雅飘逸的名字，但开的是世俗的现代杂货店，也不合适。姐姐们说：“你读书多，你去想个好名字。”

我脑筋一转，这不是我们一家兄弟姐妹们的创业合作实验吗，我们一起投入、一起工作，这不就是合家欢乐吗，那就叫“合家欢青年商店”好了。这个名字得到了大家的一致认同，也是我第一次创业时颇为得意的事。

只不过这个名字的背后隐藏了创业的大忌，也注定了失败的命运。

创业陷阱

家族生意是最麻烦的，因为每个参与者除了是生意伙伴，还是亲人，所以很难用是非对错来评判，即使有错也很难检讨、改进。在日后的创业过程中，我再也不敢让家人参与了。

“合家欢青年商店”就这样热热闹闹地开张了，这在当时的天母算是新鲜事，对我自己来说也是极新鲜有趣的事——坐在收银台结账，接待客人，我觉得自己像个掌柜。厂商进货点货、上架陈列，我就是店员；拿起扫把扫地、拿起抹布擦灰尘，我就是伙计。每到晚上关店门结账，那是我最兴奋的时刻。记得当时一天只有六七千元新台币的营业额，可是对我而言已是天文数字；偶尔有一天超过一万元新台币，我几乎要兴奋得大叫。有时候为了达到一个销售目标，我还会刻意把店关得晚一点，看能不能多挣几百块钱。

要有破釜沉舟的决心

我不知不觉赶上了台湾第一次渠道大革命，传统市场、传统杂货店、百货行正要随着台湾地区生活的改变，过渡到便利商店、超市、购物中心，而青年商店正是启动第一次渠道革命的过渡模式。它是便利商店的前身，却贩卖生鲜食品；它规模小，却五脏俱全；它都开在巷弄之间，以开放的方式陈列商品……这些都突破了传统，而我就是这第一波的弄潮儿，只不过对还在大学念书的我而言，这只是兼职式的创业，终究没能开创一番事业。

创业陷阱

创业绝对要破釜沉舟、以身相殉，兼职式的创业、脚踏两条船的创业、有退路的创业，通常都会失败。

前半年的创业时光新鲜快乐、趣味横生，但半年之后就开始遇到了困难。因为每天都能收到现金，所以前 3 个月商店的销售额都在增加；而且，商店采用“月结开两个月支票”的付款方式，这使前 3 个月除少数的现金支付外，都不需要付款；再加上原来手中就准备了周转金，因此前 6 个月完全没有资金上的问题。

半年之后，我们开始感受到资金的压力。一开始是发现手中的现金越来越少，最后在每个月 10 日、25 日的付款日，变成了需要借钱周转。

创业陷阱

资金是创业过程中最重要的筹码，也是最重要的经营指标，不但要每天检查资金的变动，而且要根据资金的变动采取应对措施。必要时还要做较长期的财务预算，因为资金要未雨绸缪，不可以等到资金不足时才去张罗。

所谓的借钱周转，就是姐姐、姐夫们谁有钱就先跟谁调度，但之后借钱周转成了常态，而“合家欢青年商店”也成了我们何家共同的灾难。

当时，这家店没有财务报表，只有现金进出的流水账。我只知道每天收入多少、每月支出多少，却完全不知道赚了多少钱，或赚不赚钱，但从不断周转轧支票，我大概知道是赔钱的。

虽然面临这样危难的处境，但是我们并没有从最基本的经营层面着手检讨。我还一厢情愿地认为，如果营业规模扩大，说不定会因量变而发生质变。因此，“合家欢青年商店”还一度扩张，在天母、石牌附近曾经同时开到 3 家店。可是表面上的热闹，抵不住内部经营不善的实质。

创业陷阱

当创业遇到困难时，真正该做的事是针对问题彻底检讨、彻底改进。而不是假设一个可能的解决方案，并一厢情愿地去执行。一旦解决方案无效，会加速失败。在困难时，只能用减法——降低成本、缩小规模，不能用扩张的方法改善经营困境。在困难时扩张，90% 是错误的。

面对错误是成功的基本态度

其实当时我只要用很简单的财务观念，就可以针对青年商店的运营状况进行检讨，且很容易发现其运营结构是不成立的。

一个店每个月的固定开支如下：人员薪资约 4 万元新台币、房租约 2 万元新台币、其他杂支约 2 万~4 万元新台币，估计每个月固定支出约 8 万~10 万元新台币。

每月营业额约 30 万~40 万元新台币，商品平均毛利率在 2%~2.5% 之间，所以每个月的毛利约 7 万~10 万元新台币。

这样的运营结构，运气好的时候可能单月平衡，但大多数的月份都是赔钱的。

这么简单的财务预算，当时仍在念书的我竟然没有想清楚，还一直在玩开店创业的游戏。当然，这也是姐姐、姐夫纵容我的无知，让我在“合家欢青年商店”中尽情挥霍。容我用“挥霍”这两个字，因为那根本是不计损益的生意，只是个家庭创业的“家家酒”，过程完全是错误的，花了很多钱，犯了很多错，但我从没检讨过，更没被处罚。

所幸，我因为还在念书，后来又当兵入伍，自然就和这家青年商店渐行渐远了，最后不再过问青年商店的经营。

不过这家店存活了非常长的时间，后来由家族中其他成员接手，但是前面所描述的困难似乎一直没有改变。对于这家店，我们投入了数不清的金钱，付出了许多时间和精力，也吸取了不少经验教训，现在写出这段历程，算是我个人的检讨与忏悔吧！

创业陷阱

创业一定会犯错，犯错并不可耻，但犯错一定要检讨，要吸取经验教训。没有检讨、没有吸取教训，才是最可怕的创业杀手。许多创业者犯错时，只会怪罪别人，不敢承认是自己的错，这种人永远不会成功。

许多年后，这家店被转租给某一家超市，从他们的运营来看，应该有不错的成果，这证明了我们的经营完全是不专业，最后当然是一场悲剧。

3 媒体新玩具

——《阳明山周刊》

我的第一次创业游戏“合家欢青年商店”在不明就里中画下休止符，但我并没有就此停止创业的梦想。在预官退伍之后，我成为中时报业新创刊的《工商时报》的记者，这时候我又找到另一个新玩具——小区报纸《阳明山周刊》。

1979 年，台湾地区新闻主管部门为了强化地方小区建设，鼓励每一个乡镇创办小区报纸。这吸引了无数的媒体工作者，回到自己的家乡创办小区报纸。台湾地区一时笼罩在地方创办小区报纸的热潮中，高雄美浓、台中、台北木栅、宜兰等地区，都有小区报纸的出现。

我的老家在台北天母，而天母的周边——士林、北投早期都隶属于阳明山地区，我从小在这个区域里长大，因此在这个地区办一份小区报纸，又成了我挡不住的诱惑。

我复制了另一个“合家欢青年商店”的错误经验：第一，这一次我又是跟着创业政策走的，上一次是台湾地区农业推广部门，这一次是台湾新闻主管部门；第二，我又向姐姐和姐夫们募款，我自己没有钱，但宠我的姐姐与姐夫们不忍泼我冷水，又陆续拿出钱来让我创业；第三，我又一次没有全力以赴地创业，上一次我在大学念书，这一次我在报社上班，创办《阳明山周刊》还是利用上班之余玩的创业游戏。

创业陷阱

当局一向是创业的外部环境变化因素，当局的政策与资源投入，会改变市场、创造需求。但在台湾地区，主管部门的政策经常只是空洞的口号，因此在迎合主管部门政策采取创业行动时，要注意政策的有效性，否则跟着空洞的口号走，是不会有好处的。不论是青年商店或小区报纸，事后证明都是空洞的口号。

再多的好运都改变不了失败的结果

这次的创业还真是容易——有了启动资金，我很快就组建了一支运营团队：台湾文化学院（现在的台湾文化大学）就在士林，我很容易就在那里的新闻系找到许多在校学生，成为我的工读采访记者——他们年轻，要求不多，便宜好用；我又借着在报社上班的便利，找到一个编辑，作为《阳明山周刊》的后台主编；我自己则是总经理兼总编辑。有了团队，要印出一份周刊，当然是水到渠成的事。

这时候，我又遇到另一个机缘。通过大姐夫的关系，我认识了士林当地的士林纸业老板陈朝传先生。陈先生听说有人要在士林办小区报纸，非常认同，并慷慨地免费提供在士林街上的一所公寓，作为《阳明山周刊》的办公室。当时的我觉得自己真是太走运了，一切都这么顺利。

创业陷阱

创业过程中，如果有人拔刀相助，应该感谢，但绝不可以因此而懈怠，因为再多的外在帮助，也改变不了自己的无能与无力。《阳明山周刊》的失败就是因为我自己没准备好，所以别人的帮助也变得毫无用处。

前几个月，我兴趣高涨地做我的总编辑——策划选题、指挥那些工读记者进行采访、写稿、改稿。刚刚成为报社记者的我，又成了周刊的老板、总编辑，做起我的媒体大梦。

记得第一期《阳明山周刊》进行最后的编辑时，我的主编（《工商时报》的同事）在最后组版时，因文字太多，标题放不下，没有用删稿的方式来解决，而是取巧地挤出空间放下标题，以致标题歪歪斜斜不美观。我不满意的指责令他十分不愉快，因而发生了争执，他觉得我这个老板的架子太大。最后我只好妥协，息事宁人。这是我第一次感受到老板不好当，人不好管。

创业陷阱

创业成功的核心因素是全力投入，如果自己没有全力投入，而且所有的员工也是兼职性质的话，注定是要失败的，《阳明山周刊》就是如此。

周刊很快就印出来了。看到创刊号，我十分兴奋，感觉一个有影响力的媒体就在我手中诞生了。可是当周刊印出来之后，问题也跟着来了——给谁看呢？我决定先赠送，可是怎么送出去呢？我动员了工读生在闹市区分发，我曾想夹报赠送，可是夹报需要费用，我心中十分不平，为什么免费送人看，还要赔夹报的工钱？我这才意识到问题的严重性，我要如何找到收入应付开支呢？

广告当然是一条出路，那时候我还在《工商时报》上班，正好负责广告业务。理论上我应该发挥此专长，亲力亲为做广告，但是我没有这样做，而是训练工读生尝试去做广告，因此这件事一直没有成果。印象中，一直到《阳明山周刊》停刊，我们只做到几万元的广告，而且好像都是读者看到周刊后，自动打电话上门刊登的，靠业务能力做成的广告很少。

创业陷阱

我熟悉广告业务，如果当时我能自己去做一些广告，然后再训练团队也去做广告，那么《阳明山周刊》还有可能存活，而我自己做不到，当然也不可能指望别人能做到。创业初期的许多事只有老板自己先证明可行，创业才有可能成功。

经过了前 3 个月的创刊兴奋期之后，《阳明山周刊》又成了我的“心头病”。我发现我没有能力兼顾所有的事，于是我想，如果有更好的人才加入，这个周刊可能会起死回生。于是，我又从报社找到一位非常有经验的高级主管（他是一名记者），来做《阳明山周刊》的总编辑。我还找了一位非常有经验的报纸广告代理商，看看能不能帮周刊招来广告。

我在面临困难的时候，花钱请更高级的人力尝试改变，不过很快证明，这是另一个错误。内容的改善要反映到发行收入的增加，可那是缓不济急的事，而广告可立即增加收入，但这位代理商在了解状况后，很快就发现不可能赚到钱，也就打了退堂鼓。至此，我的“变法”完全落空了。

最后一根稻草

在面对困难时，我的性格弱点完全暴露了。我开始逃避、退却、自我欺骗，我给自己找到了一帖完全不负责任、不可能有效果的药方：努力上班，在《工商时报》多做些广告、多拿些佣金，看能不能多赚点钱，来挹注《阳明山周刊》的开支。

我放任这些工读生们去做事，自己越来越少进入周刊的办公室，好像只要我不进办公室，《阳明山周刊》的困难就不存在一般。

创业陷阱

创业遭遇困难时，创业者的逃避及拖延，是创业失败的前奏。你如果开始逃避、替自己找理由，那么就应该早做了断，因为这说明你已经失败了。

有一天，出借办公室的陈朝传先生心血来潮，来到周刊办公室。一进门看到的竟是凌乱不堪的景象——那几乎是没有人管理的组织。他非常失望，于是决定收回办公室。

这件事等于丢掉了最后一根稻草。我借机将事业自我了断——周刊停刊，我自以为负责任地清算了所有的开支，并拿出一些钱进行善后。

我始终没有计算《阳明山周刊》总共花了多少钱，大概几百万元新台币。天呀，在 20 世纪 80 年代，几百万元新台币是多么昂贵的代价！

我还是要感激我的姐姐和姐夫们，这些钱都是他们出的，而他们从来没有抱怨过我，就这样纵容我这个弟弟赔掉了他们辛苦赚来的钱，而我也没有任何道歉、感谢的言行。文化人自以为是的个性，觉得大恩不言谢，我以为只要放在心里就可以了，这当然又是我的另一个错误。

这次的创业失败和青年商店不同，青年商店有许多人投入，也有许多人分担，我好像不必扛下所有的责任。但《阳明山周刊》不同，起心动念的人是我、主事者是我、负责人也是我，所有人都看着我。我责无旁贷。事后我还真的自我检讨了一番，大概知道自己犯了多少错误，这也让我在下一次的创业中，避免了一些错误。

准备与陷落

1978 年年初，

我在《中国时报》上看到《工商时报》创刊，

并发布了招聘记者的消息。

我的心开始悸动，

我的记者梦一发不可收拾。

4 拿别人的薪水，学创业本事

当时我正在好不容易才考上的国泰人寿公司受训，在淡水山上的国泰人寿教育中心进行最后一个月的入职培训，但当我看到《工商时报》招考记者的消息，就偷偷去报名了。

偷偷去报名的一个原因是不能让国泰人寿知道，因为这家公司不可能允许兼职，而且我当时还没有被正式任用；另一个必须偷偷去报名的原因是为了我妈妈，我好不容易才找到工作，而且是大公司，妈妈是不会答应我去当记者的。

应聘的过程经历了不少波折。报社要求应聘者语文、英语的在校成绩都在 80 分以上，还要对应聘者进行笔试及口试后，才能录取。而我大学玩了 4 年，所有成绩都是“低空掠过”，没有一科的成绩超过 80 分。

我不服：既然要考试，为何还要限定在校成绩？我不能让这不合理的规定断送了我的记者之路。

我左思右想，决定冒险一搏。我涂改了大学的成绩单，把语文、英语的成绩都改成 80 分以上，然后再复印、清除涂改的痕迹，最后将复印件寄去报社，看看会有什么结果。

没想到顺利闯关，报社虽要求提供成绩单正本，但我用复印件他们也接受了。接着我就一路过关斩将，笔试与口试都顺利通过。1978 年 8 月，我正式跨进报社大门。

上班的第一天，我忐忑不安，生怕涂改成绩的罪行被揭穿。最后，我决定向主管自首、坦白。没想到主管完全不以为然，接受了我的自首、坦白和认错，我终于可以安心了。

创业陷阱

出书前，公司的法律顾问提醒我，是否要把涂改成绩的事实写得如此清楚。我想了想，既然要分享，就要坦白，每个人都要真诚地面对自己过去的不堪，才有机会重来。掩饰只会让自己迷惑。这是我年轻时面对障碍的莽撞行为，后来，遵循法律成了我最低的自我要求。

或许我是天生的记者，很快就成为报社的明星。我在两个月之内，从最不重要的采访路线，一路转换到最重要的采访路线，在《工商时报》创刊后的几个月内，我两天一小栏，三天一大栏（小栏指的是短的署名评论文章，大栏则是指两千字以上的长篇评论，这代表了记者的绩效），我春风得意，逍遥自在。

我快速成为明星记者的原因很简单，我兴趣高涨、全力以赴。记得第一天出去采访，我骑着摩托车，早上 8 点就出门，一天就拜访了 8 个单位，除了中午在路边摊吃碗面，完全没有休息。那天还下着微雨，我不喜欢穿雨衣，因此我的衣服湿了又干，采访对象看到我吓了一跳，每个人都说“没见过这么认真的记者”。事实上，那个年代确实没有记者在早上出门的。

我另一个快速进入状态的奥秘是：每天把对手报——《经济日报》，从第一页读到最后一页，从第一个字读到最后一个字。《经济日报》几乎是当时台湾商场的缩影，从财经大事到产业新闻，从商业新闻到广告，不管是否与我的采访路线有关，我都觉得好有趣，“什么生意都有人做”，尤其是许多小广告，更透露出商业社会底层不为人知的实情。

这样囫囵吞枣地阅读，让我在两个月之内几乎变成“商场通”，对于台湾商场中的公司、人物、行业都耳熟能详，当然在采访上也无往不利，不论什么行业、任何背景，我都可以立即上手。我还变成同事的“万事通”，任何问题我都能回答。

至于记者最主要的工作——写文章，对我而言更是容易。我全盛时期的写作速度在每小时 3000 字以上，那几乎是全无思考、毫不停顿、下笔而就的状态。我觉得我找到了自己喜欢的工作。

从记者转变为销售员

可是做记者没多久，我就遭遇了人生的一个抉择：由于《工商时报》内部的权力斗争，我的上司要离开编辑部到广告部去工作，这原本和我无关，但我的上司要给编辑部的新主管难堪，所以要带走我这个明星记者。

可是新任的编辑部主管不断地留我，希望我不要离开，我进退两难：老上司的情义，新主管的认同肯定，而我自己是喜欢做采访工作的，我该怎么办呢？

我决定选择情义，再加上我心中永不停息的创业之火，我告诉自己：未来我要做媒体，有机会历练媒体中的不同岗位，绝对是好的。就这样，我从写新闻变成卖广告，从记者变成销售员。

创业陷阱

创业者不能不懂销售，如果你没有销售能力、不会“叫卖”，你就不该创业。所以在创业之前，一定要先学会销售，学会推销自己、推销产品。

其实我不怕卖东西，因为我在国泰人寿公司卖过保险，受过完整的销售训练。我知道销售技能一定是人生最重要的能力之一，现在我就用上了！

我没当太久的广告销售员，总经理就把我升为主管，专门负责筹办各种大型的营销活动。在这之前，中时报业很少办活动，但在《工商时报》创刊初期，为了做推广，开始举办不同的活动，而我就是实际执行的人。

我办过时报服装展（秀）、时报信息展、时报房屋展，我是项目执行人，从规划、征展到执行，所有细节我一力承担，我从一个没见过世面的人，变成了面对再大的场面我都不害怕，而且有把握完成项目的人。

培养出超强危机处理能力

每一个活动几乎都高潮起伏、峰回路转。记得在做房屋展时，我们包下了荣星花园，在户外建样板间，让购房者一次可以看到许多方案，但正值市场不景气，所有的建设公司都在观望。当时最大的两家建设公司国泰建设与太平洋建设刚开始都不参加，而其他中小型建设公司则说，只有这两家大公司参加，他们才愿意配合。不得已，我只好想尽各种办法说服这两家公司参展，结果在最后一刻才完成任务。

在办服装展（秀）时，参展厂商中兴纺织公司要求要找仪仗队穿上他们正在推广的休闲衫上台表演，但直到正式表演的前两天，我都没有找到仪仗队。我非常沮丧，因为总经理交代的任何事我都没有失过手，而那一次眼看就要出事了，我决定去向总经理请罪，也请总经理协助解决。

创业陷阱

解决问题的能力是创业者必须具备的，创业过程中一定会遇到各种各样的困难，创业者要自己设法去解决。如果自己实在不能解决，则要立即寻求外力的帮助，不可以把困难留在当下，因为未解决的困难，会使创业计划解体。

就在回办公室的途中，我看见开南高级商工职业学校（简称开南商工）的学生，我灵光乍现，心想那里会不会有仪仗队？我立即开车转到开南商工，找到负责人。感谢老天帮忙，他们真有仪仗队。我使出浑身解数，请负责人帮忙，承诺赠送给向每个学生两件休闲衫，给老师加赠一块西装料，负责人终于同意，并在第二天召集学生操演，第三天晚上如期上台表演。每一次我都是在这种惊险中突破难关的，这练就了我超强的危机处理能力。

在业务单位，我摸透了生意的各种窍门，也让我对媒体经营有了更切实的体会。

在广告部待了 19 个月后，我决定重回编辑部当记者，在广告部总经理的引荐下，我来到当时如日中天、号称台湾地区第一大报的《中国时报》。在第一大报的招牌下，我开启了向所有知名企业家请教与学习的机会。

大量学习强化创业的认知

在《中国时报》，我负责采访经济新闻，路线是“企业界”，这是一条无限宽广的路线，各种产业、数十万家企业都是我的辖区，我要如何采访呢？

我自己设定目标、自己寻找答案，我从最大的行业着手：纺织、石化、水泥、汽车、家电……我再从最大的公司着手了解：台塑、台泥、裕隆、大同、声宝、统一……我找各种机会采访这些大老板们，看他们是如何创办事业、经营事业的。

创业陷阱

创业是学出来的，也是摸索出来的。一方面下决心创业，一方面学习，一方面收集资料、信息，是创业的必经之路。千万不要一头栽进某一个行业中，而不知道观察外界的变化。我努力观察许多大老板的经验，以强化我对创业的认知。

对每一个大老板，我都有多次近身采访的经验，每个人都表现了不同的特质：台塑的王永庆精明、朴实、执行力超强；台泥的辜振甫温文尔雅，毫无铜臭味；裕隆的吴舜文理想远大，也有上海人的海派气质；家电业的老板则普遍较本土而苦干，如大同的林挺生、声宝的陈茂榜、歌林的李克竣等。我把握住了做记者的机会，努力探索他们的创业过程。

我发现他们共同的特质是，赶上了台湾经济起飞成长的潮流，在20世纪五六十年代，台湾的出口替代政策使台湾经济快速成长，而这些大企业都在这波浪潮中，把握机会茁壮成长。

而他们的壮大也与台湾主管部门的政策息息相关：台塑因尹仲容的石化政策崛起，汽车行业受到主管部门的长期保护，而所有的出口行业也都在主管部门出口退税的政策下，加速发展。可见，了解主管部门的政策动向，是另一个成就事业的关键。

苦干实干、坚持不懈是这些大老板的另一个共同特质，除了辜振甫等世家子弟，每个企业家都有一段非常艰辛的创业起步期。

而每个人的个性都不同，这让我体会到每个人只要肯努力，都有机会成功。

从世界潮流中学会经营之道

近身观察是最佳的学习途径，尤其是我有心探索，我看尽了每一个大老板成功的奥妙。不过，我反而在一些中小企业老板身上学到了更多。他们有的尚在起步、有的小有成就、有的正遭遇困难，他们的经验对我而言更加可贵，也更加值得学习，因为大老板的层次早已不是我这个毛头小子能够想象的。

创业陷阱

大企业家、大老板们的经验固然可贵，但有时会让刚起步的创业者消化不良，因为环境差异太大。所以，观察同样是刚起步的创业者的经验，更有针对性，也更具实用的参考价值，就算是摆地摊的小商贩，有时候也会对我们有所启发。

在这一段记者生涯中，另一个重要的内容是学习经济与管理方面的知识。

我对台湾的经济发展做了一番自己的解释：台湾先发展本土农产品，再进行进口替代，让本土工厂生产简易的工业品，以替代进口产品；再推动出口政策，然后逐步升级，从劳动力密集型转变为资本、技术密集型的产业。这就是台湾地区经济发展的轨道。

而这其中，创业者会历经机会大转变：早期的台湾富豪陈查某等是农产品贸易商；20 世纪 60 年代以后变成制造业当红，所有从事制造业的企业家都快速致富；20 世纪 70 年代以后，则转向高科技，这又是另一个大转变。

我学会了体会潮流变动，这比努力埋头工作还重要。

在赵耀东任台湾经济主管部门的领导时，台湾经历了第一次的石油危机。那段时间，整个台湾笼罩在企业转型、内部整顿、成本降低、生产力提升的浪潮中，而我也学到了许多经营上的基本知识。

在经营困难中，所有的企业开始研究如何改变策略方向，如何开源、节流，如何降低成本、提高效率，经济主管部门的自动化服务团、节能服务团、生产力中心，这时候都变成企业改造的火车头。我在一线采访中，渐渐理解企业经营内部一些不为人知的细节。

而认识许多本土的管理学者，也开启了我探索管理的大门。许士军老师、王志刚老师、司徒达贤教授以及许多企业管理名师，听他们的课程、演讲是我工作之外的一种学习途径。

创业陷阱

许多创业者以工作繁忙为借口，从来不读书，这是绝对的错误。书是人类社会最宝贵的财富，能够从书中寻找答案的创业者，会少走很多冤枉路。

在我的记者生涯中，另一个重要的收获就是看尽人间的冷暖。在两次石油危机中，台湾都出现企业倒闭风潮，我看到许多大老板在一夕之间破产，我看他们如何应对，也看世界如何对待失败者。

“经济罪犯”是当时的流行词汇，因为经营不善而一走了之，留下债务逃至国外，这是最不堪、最无耻的做法，当然也有人愿意负责，努力面对债务，但大多数人无法东山再起，徒留遗憾。

我学到了经营事业不能有丝毫懈怠，犯一次错误就可能从此冤沉海底。

我虽然领别人的薪水，但都在看这些老板怎么做，一直到我离开报社。当时的我虽没有明确地下定创业的决心，不过心中澎湃的思潮从未停止。

5

深陷地狱门

——创办《商业周刊》

如果这个世界有舒适圈，那我在《中国时报》当记者的最后 3 年，一定是在舒适圈中。那时我是财经新闻的主管，带领 7 个人的团队。以当时《中国时报》的声势，我是台湾地区企业都需要公关的对象，但所有人对你表面的奉承逢迎，很容易让你迷失在五光十色的糜烂生活中。

每天中午、晚上都有应酬，因为知名企业期待我多了解它们，多写些正面消息，所以吃饭变成理所当然的事。到了下午，我会找个地方洗“三温暖”，傍晚才到经济主管部门看一看，那是我唯一的采访单位，晚上回报社看稿、发稿，下班后吃夜宵，深夜才返家。

创业陷阱

舒适圈对个人成长来说是个大麻烦，安逸的日子过久了，什么事都不想做了。如果你现在不到 40 岁，则更应该知道舒适圈是你最大的敌人，而创业最大的障碍也是要突破舒适圈的限制。

那真是消磨意志的舒服日子，所幸我在 34 岁时做出了明智的选择，即离开舒适圈，走向创业之路。

我没有一离开报社就创业，我选择了一本财经杂志担任总编辑，但很快迎来了媒体开放的大时代，我也投身众声喧哗的洪流中。

离开《中国时报》的第二年—— 1987 年，这是台湾过去数十年历史中最关键的一年，也是蒋经国逝世的前一年，蒋经国临终前为台湾定下了自由、民主、开放的政策，一连串的剧变就在这一年发生了。

远离舒适圈，走向创业之路

1987 年台湾地区发生了几件大事。5 月台湾地区宣布外汇管制开放，6 月正式宣告每个人每年可以汇出 500 万美元。以前出不去的金钱，从此可以在全世界流动，台湾地区成为经济自由的地方。

同年 3 月，几个《中国时报》的老朋友创办了《新新闻》周刊，并喊出“自由报业第一声”。我深受鼓舞，大丈夫当如是，只是政治非我所长，所以我并没有加入。

创业陷阱

顺着趋势、潮流做事，可以达到事半功倍的效果，但问题是一个人如何观察趋势的变化。1987 年台湾地区发生了三大剧变，可是很少有台湾人记得，这说明大多数人对环境变化的无知，这也是创业者的第一个盲点：对环境漠视，不知自己面临的机会与危机。

当五六月宣布外汇管制开放时，我知道我的时机到了，因为全台湾都在发生翻天覆地的变化，而财经商业的剧变也将从资金的自由流动开始，用月刊诠释台湾的变化已经不够，一本商业性的周刊时代来了。

6 月底我就辞职了，下决心创办《商业周刊》。资金是我与共同创办人金惟纯、孔诚志、詹宏志，以及几位企业界的老朋友一起筹措的，1200 万元新台币很快就到位，但筹备工作很费时。

本来说好 4 位共同创办人一起过来工作，但真正开始工作时，孔诚志继续开他的公关公司，随后又去了《联合报》；詹宏志则继续在远流出版社工作。只剩下我和金惟纯两个人。我们决定让詹宏志负言责，担任发行人；让孔诚志负财务风险，担任董事长；而我则担任总编辑，负责最费时、费力的内容生产。

创业陷阱

创业伙伴的选择极为重要，选伙伴首重信用、可靠，不会让你所托非人；其次要注意与你的互补性，最好是他的专业为你所缺；最后，他必须是真正有能力的好手，不要因为他是你熟识的人就呼朋引类，熟识的人有时像亲人一样，让你无法理性对待。

我下定决心，要在 1987 年年底创刊，因为 1988 年 1 月 1 日“报禁”开放，我要在开放前“抢头香”。

可是招揽人才的问题让我痛苦不堪，除了两三位当过月刊编辑、勉强算有经验的编辑，我全部重新招聘，我不放心用拜师学艺的记者，一切从头开始教。

就在团队记者缺乏经验的情况下，我在 10 月底勉强编出了一本试刊号，封面故事是《汇率巨掌背后》，我兴奋地找到一位老朋友给试刊号提一点意见。在餐桌上，这位老朋友一言不发，只是吃饭，禁不起我再三催促：“好歹给些意见，我禁得住打击。”他看看我说：“趁有饭吃的时候，多吃一些吧！”由此可以想见，当时的《商业周刊》是多么的粗糙。

无论如何，《商业周刊》还是在 1987 年 11 月底正式创刊上市。我没对外说，那是我 35 岁生日的前夕，这是我赌上一生，真正创业的开始。

周刊的节奏快到我不能想象，虽然我做过多年每日截稿的报纸，但那是大集团作战，我只是每日出刊的一个小团队负责人，所以应付自如。可是周刊人少事繁，在每天截稿的压力之下，我忙得连如期出刊都做不到。

我没办法想任何事，每天就是工作、工作、工作。即使这样，还是要弄到三更半夜，我陪着所有的记者和编辑们做完所有的事才下班，那时通常已经没有交通工具，只剩出租车，而他们多数是年轻女孩，我不放心，只好开车一一送他们回家。当时我的口头禅是：“桃园以北都顺路！”真的，淡水、桃园、基隆都是我常去的地方，我常常是清晨提着早点回家，吃完了才休息。

创业陷阱

创业初期非常辛苦是很正常的，这是创业过程中必经的考验，这时候的紊乱也是必然的。好的创业者会在最短的时间内，让混乱的局面稳定下来，找到明确的工作规则。如果超过 3 个月还处于混乱之中，你的创业就不太乐观了。

辛苦的日子却没有换来好的工作成果。一年下来，1200 万元新台币的资金很快就赔光了，即平均每个月要赔 100 多万元新台币。我只好增资。第一次的增资很容易，因为大家还处在创刊的摸索期中，所有的人都看到我们的努力，所以所有的股东都继续增资，我顺利地拿到了第二个 1200 万元新台币。

在增资的过程中，我仔细反省到底哪里出了问题。我找到了最大的问题：编辑部缺乏具有战斗力的好手，新记者没办法提供足够精彩的内容。

于是在增资之后，我努力招兵买马，找来一些有经验的老记者，组成了一个战斗力强大的团队。当时我手下共有 3 个副总编辑，都是从报社挖来的，绝对可以完成好的内容采访。

只不过事与愿违，第二年《商业周刊》的内容并没有得到具体的改善，稿件量还是不足，质量还有待提高，我也还是忙乱不堪。原因无他，我不会管理、不会排难解纷，放任几个有经验的副总编辑互相内斗、互相掣肘。

有经验的人各有脾性，也各有坚持，因此在指挥调度、沟通协调上更为困难。而我这个总编辑因为没有经验，又一直想维持表面的和谐，不愿直接裁决对错，以免大家面子上过不去，导致问题一直存在，争执不断。我忙着安抚大家，可是一波未平，一波又起，结果使《商业周刊》错失了第二年成长逆转的机会。

创业前先学管理

除了有经验的副总编辑们的问题，创刊时培养的第一批记者，在第二年稍有经验后，也陆续被挖墙脚离职，整个编辑部又处在不稳定的状态中。

创业陷阱

如果创业不是一个人摆地摊，而是有团队（3 人以上），那么创业者就会面临管人的问题，也就是如何当老板，这可能是创业者没想到的，而管理工作的成败，通常是创业能否成功的关键因素。

其他部门也一样，创刊时投入的业务经理，因公司运营没有改善而离职。《商业周刊》并没有因增资之后而趋于稳定，反而陷入新的危机。

在创刊两周年时，由于内部运营情况很差，为了振作士气，我们举办了一场盛大的两周年社庆酒宴，在来来饭店包下了最大的宴会厅，广发英雄帖，这其实是打肿脸充胖子，想通过外部的热闹，稳住内部的军心。

我还记得，第一个上门的宾客是当时新闻主管部门的领导宋楚瑜，正式的酒宴下午 2 点才开始，他 1 点 10 分就到了，让我们有些措手不及。他说因为有去南部的行程，只好先来致意。在我们处境艰难的时刻，我对这一幕印象深刻。

在酒宴上，我们还做了一个邀请企业订阅杂志的规划，希望借由热闹的现场营造声势，促成参加酒宴的企业界人士掏钱订阅。只是我们不会叫卖，又不敢强力推销，导致效果不佳。

“增资”并非改善运营之道

热闹的两周年社庆一过，公司又陷入困境，第二次增资的金额已见底，不增资又无以为继。

第三次增资，我们学聪明了，决定增资 2400 万元新台币，以免一下子又赔光。不过这一次增资不像上一次那么顺利，所有的股东都开始怀疑我们到底在搞什么鬼？

我们努力地一个个说服，但已经有许多老股东决定放弃，在不得已的情况下，我们只好引进新股东。任何人愿意投资，我们都视之为恩人，双手欢迎。

这时候的《商业周刊》，工作团队来来往往，许多人加入没多久，就发现这是个没有希望、没有前景的地方，很快就离开了。而最早参与的一些“老干部”，也都在第三年前后全数离开，整个核心团队只剩下我和金惟纯两人。

不得已，我又回到培养新人的阶段，不过这次我学聪明了，在面试时我要求所有的新人一定要工作满两年，且中途不得离职。有的应聘者会问，要签约吗？我说无须签约，这是口头承诺。他们听到不用签约，都答应过来工作，可是事后真正做满两年的不多，以致我一直处在替其他媒体培养新人的困境。

创业陷阱

创业初期，一定找不到好手，所以自己培养新人是创业者必做的工作。创业者要先把所有工作摸索一遍，然后找出最佳的工作方法，最后再经过培训，把这种方法传授给员工。

由于运营情况一直没有得到具体的改善，我开始不务正业。我认为《商业周刊》需要长期抗战，每个月平均都得赔 100 万元新台币左右，而这个亏损数字无法降低，因此我们要开拓其他业务，赚钱以弥补《商业周刊》的亏损。

我们做了许多事：给有钱的单位编辑刊物，帮有钱的广告客户代办公关活动，而这些事当然会用到《商业周刊》的品牌。我们毕竟是一份周刊，更是当时台湾唯一的一份商业性周刊，理应用媒体的影响力去发点“横财”。所谓“横财”，指的是非杂志正常收入，其实只是蝇头小利的辛苦钱。

我还有另一种假设：因为《商业周刊》知名度不高，所以卖得不好，广告收入少，如果能增加知名度，《商业周刊》就有机会逆转。

于是，我也去额外做了一些事。例如，为广播电台代工，制作电台节目，从而收取代工费以增加收入。现在《商业周刊》杰出的总编辑王文静，就是当时应聘进来做电台节目而留下来的人。

我们也为电视台做节目：电视台因为要开设晨间时段的节目，每天有 15 分钟的财经时段，但由于他们对财经新闻不熟，所以我们就把这 15 分钟的节目承包了下来。而为了省钱，有一段时间我还自己粉墨登场，做起主持人，主持其中 5 分钟的每日股市讲评。

所幸这些非本业的节目，不仅增加了《商业周刊》的知名度，还都有钱可赚，对财务捉襟见肘的我们有很大的帮助。不过，这种好生意通常做不过 3 年，就会被其他单位因眼红而抢去。

创业陷阱

在创业过程中，难免会面临各种不同的诱惑，有时是“横财”，有时是不直接相关的生意。这些诱惑看起来都很有意思，但绝对不能被“勾引”。创业过程务本第一，当时我去做广播和电视节目，虽赚了些钱，但事后回想，还是不应该分心。

用同样的方法，却期待不同的结果

虽然我仍然努力——每天工作 12 个小时以上，但是最基本的工作方法没变，最原始的经营策略也没变，或者应该这样说，我对经营事业的逻辑没变，如果我有错，我并没有针对错误进行修正。我并非执迷不悟，而是觉得创办一本刊物，确实需要很长的培育期，它要经过时间的洗礼才能被大众所接受。

这个观念或许没错，但我们没有足够的资金支持，所以一直在为资金奋斗，一直在“跑三点半”。

到第三年年底，第三次增资的 2400 万元新台币又用完了，这段时间是《商业周刊》最悲惨的日子。再次增资是必然的，只是几乎所有的股东都认为我们是骗子（除了少数我十分感激的一两位），我们再次增资的 2400 万元新台币（总股本变成 7200 万元新台币）分成好几次完成，而且我觉得所有的新股东都是被我骗进来的，因为连我自己也没把握能成功。

不过从最后的增资无门之后，我的悔悟和顿悟也完成了。过去遇到困难，我总是想用增资的方式换取时间，以改变运营结果，而现在增资无门，我们一定要有别的方法才能自救——改变是我们唯一的出路。

这时候，我遇到石滋宜博士（前生产力中心负责人），在聊天时他说：“什么是笨？就是老是用同样的方法做事，却期待会有不同的结果。”

这句话一语惊醒梦中人。过去 4 年来，我一直用同样的方法经营《商业周刊》，却每年都期待会有不同的结果，这不正是我吗？我何其笨啊！

我开始闭门思过，决心自我改变，决定不再期待增资，而要立即从内部改善中找到解决问题的方法。

彻底“减肥”、彻底检视所有成果，把支出降到最低，最好能立即损益两平，即使不能也要让亏损降低，这是“勒紧裤腰带”存活法，任何能降低支出的方法，都要立即实行。

创业的生死关头，不谈合理，只谈存亡

至于我自己，该检讨的地方就更多了：我的管理能力、领导能力、专业能力、业务能力，我发现自己没有一项做得好，每项能力我都需要提高，我尝试快速改变。但所有的改变抵不过运营上的继续沉沦，并且环境会给你更严酷的考验。

创业陷阱

当创业遭遇生死关头而要动手改造时，绝对不能谈合理，只要能减少支出、降低成本，就应该立即去做，“这样做不好吧”“这不合理”都是让处在危机中的创业者错失良机的借口。

市场上不断传言《商业周刊》随时可能倒闭，原本要上稿的广告客户反悔抽稿，我们的销售人员连每天辟谣都来不及。

我决定勇敢面对。我要求业务人员向客户坦承我们面临的困难，但也告诉他们，我们已经存活了 5 年，我们有信心、有决心撑下去，我们一定要让台湾第一本财经周刊存活下去，决不放弃。

说来奇怪，当我们坦承一切之后，就不用辟谣了，一些客户反而因为同情而更加支持我们，困扰渐渐平息。

内部的运营问题可以慢慢改善，但资金问题还是当务之急。当时，我和金惟纯明确分工：我负责守住内部，他负责对外找钱。这样安排，一方面是我对内部经营较为熟悉，但更重要的是我爱面子，不敢向别人开口。

理论上我与企业界的关系比金惟纯好多了，但我不敢开口、只能躲着，这也真是难为他了。不过，金惟纯也证明了他有募款和资金调度的本事。

创业陷阱

创业者爱面子是重大的缺陷。因为爱面子，你不敢大声叫卖；因为爱面子，你不敢弯腰求人；因为爱面子，你不敢开口求援；因为爱面子，你不敢向认识的人借钱。这些都是创业者要克服的障碍。

用本本畅销书填补财务黑洞

有一年的小年夜，薪水及奖金无着落，我已经准备好向员工道歉。没想到，金惟纯傍晚回来说钱已筹到，只要第二天一提现，就可以如期发薪，他的同学在最后一刻拔刀相助。

我虽然不负责资金调度，但也常常在山穷水尽时帮帮忙，而我能找的，也就是我的姐姐、姐夫以及我的太太。

我的太太面临了最多的考验和煎熬。每一次动用我太太仅有的几十万元新台币存款时，我都痛苦不堪，但也别无选择。

有一次下午两点半，金惟纯告诉我，公司还差 100 万元新台币，他已无能为力。我们只好分头行动。我打电话给太太，要求她动用“保命钱”。只是前不久我才答应她决不再做这样的事，但事隔不久我又再犯。太太当然无法拒绝。我急忙开车到她的公司，见她正站在走廊下等我，手上捧着一个牛皮纸袋。我开车靠近，摇下车窗，可她把牛皮纸袋丢进车里，转身就走了。我在车中呆呆地坐了 10 分钟。“一个大男人，怎么会做这种让自己的女人伤心欲绝的事？”我自问。

创业陷阱

在最困难的时候，我也曾经向地下钱庄借钱，虽然只借了 30 万元新台币，而且是短期（只有一周）的借款，但是足以让我了解到月息 4 分（100 万元一个月利息 4 万元新台币）的威力。无论创业再怎么辛苦，也绝对不能向地下钱庄借钱，因为地下钱庄大多数是黑道，一般老百姓与黑道打交道，绝对尸骨无存！

这种不断调度资金的日子过了两三年，一直到我出版了一本畅销书，4 个月之内热卖了近 30 万册，也赚了近 3000 万元新台币，《商业周刊》

的财务窘境才获得缓解。

到了《商业周刊》的第六年，我又调整了工作内容。我全心全意负责出版业务，这是“抢钱”的任务，我用一本本畅销书快速赚钱，以填补《商业周刊》的财务黑洞。

地狱门的终结

做出版是全新的开始，我下定决心，每一本书都要赚钱，我不能再慢慢来，我的青春已不复存在。或许是在《商业周刊》已交完了所有的学费，我从出版第一本书开始，就一直赚钱。

直到1994年9月，我出版了一本畅销书，这本书使我的人生彻底改变，也使《商业周刊》的运营状况逆转，我告诉自己：“不是不报，时候未到，老天爷终于还我公道了。”

我记得《商业周刊》对外负债最高时，达到数千万元新台币，而我出版的那本畅销书正如大旱之望云霓。在财务状况改善之后，《商业周刊》自然回到了比较正常的运营轨道上。

创业陷阱

陷入困境时，自怨自艾、迁怒他人、丧失信心，都是致命伤，这时候只能相信天理昭彰，只要自己足够努力，终有一天会成功，这时候保持健康、乐观、积极向上的心态，是你能持续奋斗的动力来源。

其实《商业周刊》在历经了三四年的内部结构调整后，运营状况已正常化，也找到了自己的经营模式，而在1994年之后，不只是台湾的命运改变了，《商业周刊》的命运也改变了，我深陷地狱门的创业之举，也从此终结。

拔出石中剑

1995 年，

一次发行人员的面试，

改变了我的创业生涯，

也改变了台湾地区杂志业的风貌，

更改变了台湾地区媒体及网络的生态。

6

上市三天就成功
——电脑家庭出版集团

《商业周刊》需要一个发行主管，因此我找了一些人面试。其中一个人来自一本 IT 杂志，他是那本杂志的发行主管。由于我要确认他的经验，不免在工作方面问得比较细致。

从他的回答中，我发现 IT 杂志虽然是一个特殊的利基市场，但已有相当大的市场规模；更重要的是，这个市场看起来生机勃勃，从小众变成大众，一股电脑学习风潮正要兴起。

这次的面试花了我两个小时的时间，结束的时候，我告诉这位应聘者，我下决心要创办一本给大众看的电脑学习杂志，我邀请他加入我的团队。

创业陷阱

许多机会是从很细微的末端信息察觉出来的，《PC home》杂志的创办，就是从一个发行人员的应聘开始的。创业者要“眼观六路，耳听八方”，要有见微知著的能力。

我重新创业的念头，由来已久。在《商业周刊》长期抗战、濒临倒闭时，我与我的创业伙伴因为工作观念上的差异争执不断，就像一首歌所形容的：“两个人一张床，中间隔着一片海。”这让我早下了决心，如果可能，我会重新创业。

而 1995 年的《商业周刊》经过长达 4 年的内部彻底整顿后，其在运作上已步入正轨，再加上 1994 年我出版的畅销书，使整个团队士气高涨。

这时候如果我离开，对团队影响不大。因此，重新创业的呼唤在我的心中越来越清晰。

我开始用我一人之力，进行可行性分析。这一次我对办杂志已非“吴下阿蒙”，从市场规模调研，到用户消费行为，到产品定位，到核心成功因素，到上市规划，再到团队想象，我彻底想了一遍并形成文字，我确认这是一个可行的市场，我真的要“拔出石中剑，潇洒走一回”了。

行动的第一步，我想的是团队，这时我已经知道团队才是创业成功的关键因素，我需要最好的伙伴，因此我想到了詹宏志。在创办《商业周刊》时，他就是最早投入的股东，后来虽未加入工作，但他一直是我心中的才子。

当时詹宏志离开远流出版社，在家挂了一个“Retired”（退休）的牌子，闭门读书、编书。我知道他不接电话，于是直接上门找他。

在台北市永康街的巷子里，住在一楼的詹宏志打开门看到我时，相当讶异，因为我很少烦他，他问我有什么事。我回答：“我想办一本给大众看的电脑学习杂志，想听听你的意见。”

就在院子里，他看着我，随即回答：“立即去办，一分钟都不要等！”

我接着问：“既然你也认同，那有没有兴趣参与？”他回答：“参与是什么意思？如果是工作，不行；投资，可以！”

我说：“好，那投资算你一份，工作团队我们另外组建，但你要参与意见并当顾问。”

创业陷阱

台湾文化圈内的人都知道创业、趋势大师兼文学才子詹宏志很难接近，虽有共同投资《商业周刊》的经验，但其实我和他并不熟悉，但决定创办《PC home》杂志时，我觉得他是我最应该请教的对象，所以采取了“闯空门”的拜访方式，很鲁莽，可是当时我只有这个方法，所以创业者对任何方法都不能放弃。

面对问题，决不放弃

事实上，我们在他家的院子里三言两语就已经决定了所有的事，一个天翻地覆的剧变从此开始了。

我答应詹宏志去找一个年轻的实际主事者来办这本刊物，所以接下来的几个月，我都在努力做两件事：一件事是筹资；另一件事是找一个能干且熟悉电脑的总编辑或总经理。

我一连找了四五位条件合适的人选，其中第一位就是后来电脑家庭杂志《PC home》正式创办时的总编辑，也是现在网络家庭公司的CEO李宏麟。他曾是《商业周刊》的记者，后来离开成为专业电脑杂志《PC World》的总编辑，他既年轻又熟悉电脑杂志，当然是不二人选，可是他想了想之后，觉得加入创业的风险太大，于是决定放弃。

接着我又找了很多位，每一个人在第一次听到要创办给大众看的电脑学习刊物时，都觉得是非常好的主意，也都承诺加入，但在仔细思考后，却都选择放弃。

历经了数次的反复，喝了无数次的咖啡，当最后一次被拒绝时，我十分懊恼。我自问："我招谁惹谁了？他们为何会先答应，后来又反悔，我放弃总可以吧？"我决定找詹宏志，告诉他放弃不办的决定。

在开车到达离詹宏志家数百米的地方，我念头一转：我到处找不到人，可是有一个人"退休"闲在家里，为什么不找他呢？我下定决心，一定要把詹宏志拖下水。

詹宏志开门见到我，我就气呼呼地告诉他，今天又被"放鸽子"了，答应来的人又不来了，我决定放弃这个计划，不玩了。这是我事先想好的剧本，看看他的反应。

没想到詹宏志看看我，问："你怎么这么容易就放弃了？"我一听这话，就明白他不想放弃。太好了，我说："我不想放弃，可是没人做又能怎么办？要不然你来做好了！"

评估风险，控制失败的可能

就这样，詹宏志成了电脑家庭杂志发行人兼总经理，这又是我们三言两语在院子里商定的，而我是公司的董事长，后来李宏麟也加入了，一切峰回路转。

创业陷阱

为什么事业会不顺？原因是我的才德不足。为什么一直找不到好的伙伴创办《PC home》？原因是我做《商业周刊》并不顺利，所以许多人在深思之后都选择了放弃。当时我没想清楚这些事，一直到詹宏志确定“下海”，一切才“搞定”，李宏麟也才愿意加入。创业者一定要认清自己的缺点。

接下来是一连串的筹备工作。我们做出一份细致的执行计划，其中最重要的一部分是财务预算，我们预算了两年的损益，希望在一年到一年半之间达到单月收支平衡，并以单月收支平衡计算总亏损金额，作为我们筹资的股本目标。

本来我想筹资 2000 万元新台币，但经过预算后，一直到单月收支平衡，最高总亏损金额约 1800 万元新台币，所以 2000 万元新台币的股本显然太少了。稍有不慎，资金不足的情况就会出现。因此，我决定将股本增加到 2500 万元新台币，而这也是我的工作。

除了我自己、詹宏志及商业周刊公司的资金，还差 1500 万元新台币，我以 250 万元新台币为单位，找人认股。

其实这个过程并不顺利。由于我经营《商业周刊》的绩效不佳，许多老朋友对我经营事业的信心未恢复，所以我只能找新朋友募资。我要特别感谢两个人：信义房屋董事长周俊吉和金仁宝集团董事长许胜雄。

周俊吉和我只有一面之缘，可是我觉得他很正派，我喜欢他经营企业的透明简单，所以找他投资。没想到只见一次面，他就答应了，他的爽快令我意外。

而许胜雄虽是我十几年的老朋友，但来往不多。谈起投资 250 万元新台币，他立即就同意了，还问我够不够，不够他还可以找其他人加入。他还真的介绍了其他企业界的朋友，中环集团的翁明显先生就是在他的引荐下加入的。

筹资完成，杂志的筹备工作正式展开，而需要我做的事却已全部完成：我决定创办这本刊物，我找到詹宏志，我让公司设立完成，我担任不管事的董事长。接下来，詹宏志与他的团队完成了其他所有的事，我只享受创办成功的成果。

创业者要依组织需求成为“变形虫”

这其实不是我原来的规划，我原本以为我还需要多做一些事，但后来发现，詹宏志的行事风格是圣裁决断——他不喜欢有老板（被人指手画脚），就连平辈在他身边也没有发挥的空间，所以我从此只开董事会，完全退出日常经营，其实就算开董事会，我也服从他的决定。

创业陷阱

找到可以信赖的人，放手让他去做。作为创业者，要有度量做“变形虫”，按照组织的需要调整自己的角色，只要《PC home》能创办成功，我扮演什么角色都可以，我终于学会与伙伴相处的方法了。

有了在《商业周刊》与创业伙伴相处的经验，这方面的智慧我已充分具备。其实我并没有与詹宏志正式沟通过前面所说的角色扮演，我自己揣摩以组织的现状，我该扮演什么角色，而不管事、做永远的替代角色，是我俩最好的分工。

创刊时，詹宏志不愧是营销与创意天才，他决定采取强势上市、物超所值及价格破坏的策略。《PC home》的创刊号很厚，却只卖 49 元新台币，第一次印刷 5 万本，这些规格都是台湾杂志市场上见所未见、闻所未闻的。对于我这个算是有经验的杂志人来说，事先都不确定这样做是对的，只是直觉可行，就放手一搏了。

《PC home》杂志上市销售 3 天之后，我们就知道成功了，因为便利商店等零售渠道，两天就已卖完，并追加订单，金石堂等传统渠道也一样。这第一期的刊物最后印到十几万册，几乎是台湾地区杂志史上从未见过的盛况。

更有趣的是，在杂志零售背后，我们绑定了一个极具吸引力的订阅用户推广计划，接收订阅信息的传真机从未停过，订阅电话满线，我们不得不紧急追加传真及电话线路，只不过解决了传真及电话问题之后，后面的订单处理却因人力不足无法解决。因订阅服务不及时而产生的客户投诉，是《PC home》杂志在创办过程中遇到的最大的困扰。

我虽然没有实际参与工作，但所有的会议我都参加了，所以我充分了解每一个决定、每一项策略、每一个作为，而且因为我不参与实际工作，反而能静静地分析思考每一个过程的道理。

詹宏志的策略清晰简单：第一，找到正确而专业的人——李宏麟，由他组建编辑团队，确保有能力编出一本高质量的杂志；第二，编辑上要求做到看得懂、学得会，开创出“step by step”的编辑法，让《PC home》做到无痛苦学习；第三，营销上物超所值，以 49 元新台币的价格，创造最大的声势、话题、知名度及试用读者群，接着延伸出巨大的订阅量，立即回收订阅收入；第四，广告营销随后跟上。

从《PC home》的创刊过程，我看到一次杂志上市的完美示范。我终于明白，当年我创办《商业周刊》时，真是不专业的业余行为，过去数年兵困《商业周刊》的疑惑，豁然开朗了。

创业陷阱

我创办了《商业周刊》，自认为对经营杂志很在行，但是在《PC home》的创办过程中，我发现自己对杂志经营只是略懂皮毛。创业者要有决心、度量，学习别人专业的方法，千万不能自我感觉良好，不能固执。

在《PC home》创刊的记者会上，詹宏志向所有的记者宣布：我们不是创办 1 本刊物，未来 3 年要办 6 本杂志。这个承诺，变成全公司上下努力的目标。

在《PC home》顺利上市之后，很快就成了电脑类第一大杂志。我怀疑它应该也是台湾地区第一大杂志——19 万本的发行量，堆砌起许多奇迹。广告费每季都涨价，订单来不及处理，而紧接着我们就决定扩大战果。

我们先把已经创刊的《电脑玩家》杂志并购下来；接着我们创办了《PC office》，定位是上班族的电脑学习；接着是《PC SHOPPER》，定位是电脑采购导览杂志；再接着组建了电脑图书的出版团队“PCuSER 电脑人”，如果再加上这些团队个别衍生出来的小刊物，电脑家庭出版集团最多的时候拥有超过 20 本刊物，真可谓琳琅满目、热闹非凡。

除电脑杂志外，我们也尝试跨越 IT 做其他杂志，《SMART》月刊是最具指标性的一本刊物，这是给社会大众看的理财入门学习杂志，与《PC home》同样走入门学习的路子，目的是让读者看得懂、学得会，这个刊物很快成了台湾地区入门理财杂志的第一品牌，全盛时期的发行量超过 10 万册。

《PC home》杂志的创刊，真的是赶上了波澜壮阔的大时代——人类正面临电脑的学习大潮，也正要在实体世界之外建立一个虚拟世界。因此，《PC home》随之成立了网络家庭门户网站（PChome Online），成为台湾地区网络风潮最早的弄潮儿之一。

在 PChome Online 之后，我们还成立了《明日报》，大张旗鼓地探索一份在线电子报纸的可能性，只是最后以亏损数亿元新台币收场，这也成为日后电脑家庭出版集团与李嘉诚的企业合并的原因。

创业者要有逆转困境的能力

在电脑家庭出版集团的所有杂志中，有一份杂志是由我负责创办的，那就是《房屋志》。那是一本买卖房屋的信息杂志，大概是集团内最短命的一本刊物——在 6 个月之内，赔了 8000 万元新台币。我下决心停刊，并带着整个团队转型去做建筑家居装潢刊物，现在这个团队拥有数本杂志，也是电脑家庭出版集团在电脑杂志没落之后，还能维持集团规模与活力的重要支撑。

创办《房屋志》证明了：我会犯错，但我有能力逆转，与过去在面临困难时的坐困愁城，已完全不同。

创业陷阱

创业一定会犯错，一旦确定自己犯了错，就要第一时间改正，绝对不可以拖延。《房屋志》在出版了 6 个月后我就决定放弃，否则可能会拖垮整个电脑家庭出版集团。

电脑家庭出版集团在 2000 年左右网络泡沫化之前，集团实力达到顶峰，但随着《明日报》停刊与电脑学习热潮式微，《PC home》进入另一个“体质调整期”。

这时候我开始扮演整顿的角色。我停掉了一些刊物，也换掉了许多主管，让年轻的新秀担负重任。我心中只有一个目的，在电脑家庭出版集团兴起时，我享受了美好的成果，而在集团遭遇困难时，我当然有责任稳住局面，尤其在詹宏志离开之后，我应对所有的团队负责。

到 2008 年，电脑家庭出版集团的整顿总算看到了成果，电脑杂志日益缩小的规模慢慢稳定下来。从 2009 年开始，我再次尝试创办新杂志，并启动网络媒体的经营，使整个集团重新站在起跑线上，以迎接金融海啸的挑战。

7

中文出版王国梦

——城邦出版集团

在 1995 年《PC home》杂志创办的同时，我们成立了城邦集团，它是由 3 家已经成立的小出版社合并而成的。我把一向绩效良好的商周出版社并入城邦集团，成为城邦集团中的旗舰团队。

成立城邦集团是詹宏志的想法，他试图通过合并小出版社的方式，营造一个大品牌、大团队，向华文世界最大的图书出版集团迈进。詹宏志成功地创办了电脑家庭出版集团，让我这个不太管事的董事长名利双收，所以当他想创办城邦集团时，我毅然加入，决定全力打造城邦集团，以投桃报李，这一直是我心中没有说出的秘密。

城邦集团刚成立时，只有 3 个出版品牌：商周出版社、麦田出版社和猫头鹰出版社。这 3 家出版社在合并前的一年，总的营业额只有 1.4 亿元新台币，而且盈利很少。合并后的第一年，效益就立即显现，营业额翻了一倍，达到 2.8 亿元新台币，盈利也明显增加。

这样的成长趋势维持了 3 年，营业额分别是：第一年，2.8 亿元新台币；第二年，3.8 亿元新台币；第三年，5 亿元新台币；不过到了第四年，却出现了危机。

当时整个集团的财务是统一调度的，这虽然可以发挥赚赔互补的效果，但如果整个集团出版的类型有太多长线、销售速度缓慢的书籍，那么现金就会出现缺口。

而 3 家出版社中，除了商周出版社以出版畅销书为主，其余 2 家出版社都是出版长线、销售速度缓慢书籍的类型，再加上城邦集团在合并后，又陆续成立了墨刻出版（旅游）、红色（网络小说）、马可孛罗（经典旅行文学）等出版社，更使城邦集团的资金严重不足。

梦想成就台湾地区最大的出版集团

在合并后的头 3 年，我全力经营商周出版社，扮演赚钱、增加现金流的角色，但赶不上集团扩张的速度，我们的自有资金严重不足，这时我不得不请缨担任集团总经理，看看能不能改善整个集团的运营状况。

我开始导入绩效管理制度、利润中心制度，要求各运营团队要对自己的运营成果负责，以免造成整个集团的负担，只不过这种做法引起了团队极大的不满，导致几位原始创办人离开城邦集团，自立门户，这一度成为台湾出版界重要的话题新闻。

创业陷阱

创业者要有足够的信心，相信自己是对的，如果在不断分析、检讨后，确定自己是对的，那么无论遭遇任何困难，都不可以改变。对城邦集团内部管理系统的整理，在经过小团队的试验证明正确后，我就全力推动、决不退让。

我无法停下利润中心、绩效管理的脚步，因为每月动辄数千万元新台币的资金缺口，关系着城邦集团能否持续经营的命运，我也阻止不了共同创业伙伴的出走，我唯一的目标是让合并后的城邦集团不要倒塌，成为台湾出版界最大的笑话。

虽然面临资金的困难，但城邦集团运营体系的建立没有一天停下脚步，我们努力打造出版的后勤服务平台，让所有前端的出版团队拥有强大的后勤支持系统。

我的理念很简单，即出版有许多环节，个别的独立出版团队只能照顾核心流程，无暇顾及其他周边流程，因此运营永远无法步入正轨，所以我喊出了“把每一个细微的出版流程，都用最专业的态度进行管理”的口号，而这个后勤支持平台便扮演了专业管理的角色。

后勤支持平台包括印务、渠道业务谈判、后勤仓储、库存管理、物流运输、财务、IT 系统、法务和人力资源……这是个复杂的平台，而出版团队则保留选题、出版、营销等工作，以独立自主的方式运作。

创业陷阱

"整合有效益归平台，独立运作有效益则归出版团队"是我们在决定构建平台时喊出的口号。严格来说，我们也不知道这样的分工是否正确，但是"摸着石头过河"，不断测试、调整，正是创业者必须要有的态度。

我们也喊出了"Plug & Play"（即插即用）的口号，指的是出版团队只要连接上后勤出版运营平台，就可以得到最好的支持和照顾。

城邦集团合并之后的前几年，它的快速扩张绝对和这个运营体系发挥的作用有关，城邦很快就成为台湾地区最大的出版集团。

这期间，我们在组织内先后推动了 ISO9000 质量保障体系，也推动了上市的九大循环，当然也努力地完成了内部工作的标准化作业，这代表了我要用现代的管理系统，来提升老旧的出版行业的运营绩效。

从传统经营走向企业化管理

不过这些努力，遭遇了集团内部的运营理念之争。大多数的老出版人都认为，出版是创意的行业，不应该被管理，管理制度只会扼杀出版的理想和创意。他们的自由散漫，让城邦集团内部绩效的提升、管理制度的推行变得十分困难，他们觉得我所推动的系统化、标准化、纪律化的管理制度，背弃了城邦集团合并时的盟约。

我虽然被视为"大逆不道"的出版人，但我没有退路——不走上现代标准化的系统经营，绝对不可能成功，所以我不顾一切地走上 ISO（国际标准化），走上内稽内控（内部稽核、内部控制），最后还走上 ERP（企业资源计划）的道路。

传统的放任式出版工作方法，依赖有经验的工作者、依赖创意，也依赖运气，以致运营的绩效时好时坏，无法长期维持稳定，再加上偶然过度理想化，把文化人对社会的“十字架”背在身上，难免会出版太多有意义但不赚钱的书，而这会使集团的财务陷入困境。

创业陷阱

创业过程中，一旦组织扩大，就必须要走上系统、制度之路，稍有规模，就离不开信息系统，所以对 IT 系统的投资绝不能小气，城邦集团的例子说明了 IT 系统的重要性，它是城邦集团经营上最有效的武器。（城邦集团在 IT 系统上投资了上亿元新台币。）

而我推动的绩效管理、标准化流程，就是要让出版工作变得有效率，让整个集团能够保持稳定。

从 2003 年开始，城邦的内部流程改造迈出关键性的一步：导入 ERP 系统。我决定把城邦的工作流程全部用信息系统来追踪管理。

台湾出版界最大手笔的投资

在众多的 ERP 系统提供商中，我选择了甲骨文（ORACLE）公司，原因无他，因为城邦母公司用的是甲骨文公司的系统，这个计划耗资近亿元新台币，绝对是台湾出版界最大手笔的投资。

而且我选择了一次即赌定输赢的做法：一次将 10 个模块同时上线，我赌上了我一世的英明，也赌上了城邦集团的未来。

我把 ERP 系统上线当作城邦集团运营策略转型的大举动，要把城邦集团从自由、放任、散漫，带向纪律化、效率化、系统化、集团化运营的道路，而我几乎是在全公司都反对的情况下一意孤行。

所幸，在整个城邦集团的团队中，由我培养建立的运营团队约占一半，这一半的团队被我下了彻底服从令，全力支持 ERP 系统的上线工作。

前期准备工作大约做了一年多，命运的赌注公开的那一刻终于来临，我们在 2004 年 9 月将 ERP 系统正式上线。

上线的过程只能用千钧一发、惊险万分来形容。城邦集团已成立 10 年，而成立之前的 3 个独立的出版社还有更早的历史，其中有很多的陈年旧账、很多不合规范的做法，根本无法在上线时清理干净。我的财务人员告诉我：

"旧账不清干净，根本不能上线。"

可是我别无选择——许多人在等着看笑话，我也知道，如果当时不上线，我会被批判的口水淹没，而ERP系统也从此不可能在城邦集团内实施。

我下达了强渡关山的指令，我要求ERP系统要如期上线，但也要求所有的生意不能暂停，我要团队用决心、用毅力、用人力克服所有的困难。

真的要感谢我的团队，他们不眠不休、熬夜加班，他们用不可思议的方法完成了不可能完成的任务。

创业陷阱

在关键时刻犹豫不决、收手撤退，是创业者最大的忌讳。很多时候，"强渡关山"是唯一的选择。在城邦集团ERP系统上线的时候，我就用了"强渡关山"的方法，因为如果撤退，我将一无所有。

面对金融海啸，城邦逆势成长

在2005年，整个城邦集团只感受到ERP系统的烦琐和流程的改变，但没有看到任何好处。

所幸，城邦集团内部一半的团队，在我的要求下"闭嘴"调整，不敢有怨言，而另一半的团队也只好慢慢跟上脚步。

从2006年开始，台湾出版界陷入整体环境恶化的困境，城邦集团的运营状况也跟着恶化，这种状况在2007年达到最高峰，整个台湾图书出版业因为渠道中独立书店倒闭、连锁书店财务不佳，面临最黑暗的运营状况。

城邦集团ERP系统的上线，赶上了最恶劣的外部环境，但这也使ERP系统本身的问题被忽略，因为我们急着面对环境的挑战。

不过也因为如此，随着ERP系统的上线，我们有3个完整的年度（2005年到2007年）进行适应与调整。当我们真正把ERP系统融入正常的运营之中，也构建出以ERP为核心的新运营系统之后，所有的效益在2008年开花结果。

2008年，城邦集团交出了自成立以来最漂亮的成绩，我们的税前平均利润达到16%，这几乎是我们ERP系统上线前的一倍。纵使2008年的最后一季，全世界都笼罩在金融海啸中，台湾地区也哀鸿遍野，但城邦集团逆势成长，使所有人大跌眼镜。

我知道我已从一个个体户经营者，变成一个靠系统、靠制度、靠科学化管理，能运用现代管理工具的创业者，我已不再是那个“摆地摊”的小老板。

这就是整个城邦集团运营的主要历程，但除了运营系统的改造，我对出版工作的探索、创新与变革，在城邦集团转变的过程中，也具有关键性的贡献。

其实我是个媒体工作者，从记者、编辑到杂志创办人，我对出版书籍是个彻彻底底的门外汉，在经营出版之前，我没编过一本书，完全不知出版该怎么做。

但从我第一天出书开始，设定的就是“抢钱”的目标，为的是赚一点“外快”，让当时艰难度日的《商业周刊》能够好过些，所以我用了最野蛮的态度、最省钱的方法、最短线的作为，以期达到“抢钱”的目标。

方法也很简单：没有绝对把握不做，利润不高不做。我没有出版人的包袱，所以我从出版第一本书开始就一直赚钱。接下来，我把这套“抢钱”的出版方法发挥到极致：我仔细拆解每一个出版步骤，用科学的方法分析每一个流程及其背后的核心成功因素，然后把这些 know-how（技术诀窍）变成文字化的原则、方法、步骤、规范，最后把这一套科学化的方法与我的团队讨论、分享。

日子久了，我发现我的逻辑、观念和做法，与所有有经验的出版人都不一样，但是我的方法确保了我年年赚钱——不管外界环境多么恶劣，我知道我走对了路。

我更知道，出版是“人”的行业，要靠所有的编辑、所有的团队共同完成，不能只有我一个人知道并使用这套科学方法，所以在城邦集团内部，除了运营工作，我每天都在做一件事：训练、训练、训练。

创业陷阱

创业者是摸索者、领头羊，也是训练者，在内部要不断地传输理念、宣传理念、教育团队，绝对不能说：“我的团队不好！”因为如果团队不好，要么是你不会挑人，要么是你不会训练，这都是你的错。

我出席各种会议，不是裁决、不是下令，而是说出我的经验、我的方法，这是训练；我也办各式各样的内部论坛，要员工听我的逻辑、我的想法，这又是训练；在书出版之后的检讨会上，我提出改进意见，目的不在于检讨，而是如果由我来做，我会怎么做，这是他山之石的分享，这当然也是训练。

经验传承与系统化管理

最后，我把这套出版方法汇集整理成“何氏出版八讲”，从分析市场到解读读者的购买动机，再到选题、编务、营销、售后服务、后勤支持管理等。在城邦集团内部，这套出版方法我已经教授过两次，而且只有工作满两年的员工才能成为学员，它已成为城邦集团内部的“出版规范”。城邦集团内部的团队也有所依循，成了一个拥有科学方法、逻辑思考、有出版标准作业流程的现代化出版团队。

我们可以用一张 Excel 报表，完成一个新选题的评估过程；我们很容易为新书预测上市后的销售结果；当然，我们也有无数的 KPI（Key Performance Indicator，关键绩效指标）作为我们检验运营成果的依据。

更重要的是，城邦集团的出版团队已经不只是以创新、理想取胜的团队，我们更是讲究纪律、讲究协调合作、讲究绩效管理透明化的运营组织；我们不只有理想、有勇气，我们更讲究方法，而且不断地自我挑战、自我探索。

创业陷阱

“有想法，有方法”是创业者必备的条件，所以要不断地在工作上摸索、在方法上创新，绝不能停留在原地。尤其是开创新事业时，如果能创新方法，采用更低成本、更高效率的流程，将会彻底破坏现有市场，并立即取得成功。

除了对内部系统化管理的探索，城邦集团在战略布局上也十分特殊。

从创立初期我们就决定，城邦集团未来将是一个国际化的运营组织，因此我们在中国香港特别行政区和新加坡、马来西亚成立子公司，并在祖国大陆成立了探索式的运营团队。

这些子公司一直是我们在台湾地区之外的销售前进基地，经过多年的调整，它们已成为我们重要的业绩贡献单位，每年的业绩占比超过 10%。更重要的是，它们都能自力更生，都能获利。

近两年，我们更尝试在海外发行刊物。我们已经在新加坡和马来西亚出版了三本杂志，最早创刊的一本已经获利赚钱，另外两本还在培育中。

另一个重要的战略布局就是对数字化的探索。

城邦集团的数字化布局

自从 PChome Online 脱离城邦集团独立运营之后，城邦内部只剩下几个试验性质的数字化团队，这对于一个以纸质出版为主的媒体集团而言，当然是重大缺憾，因此，如何重新开展数字化布局，一直是城邦集团内部不能忘记的事。

2006 年，我尝试做了两个大型的并购案，一个是博客来网络书店，另一个是新兴的社群网站——“无名小站”。

博客来网络书店的并购案几乎就要成功了，当我与最大的股东统一超商议完并购意向与价格之后，没想到创始团队跳出来反对，这是我始料未及的事。为了避免与创始团队为敌，我决定退出。

创业陷阱

放弃博客来网络书店，在生意选择上是绝对错误的，但我顾及当事人的感受，“君子不夺人所爱”也是我一生的原则，我的放弃对我的公司而言不是最聪明的决定。

“无名小站”的并购，则是因为我起动较晚，雅虎奇摩早已与其接触，并且签订了独家议约权。我只好等待，最后雅虎捷足先登，我再度落空。

但我知道城邦集团的数字化布局不能停。在“无名小站”与雅虎签约的当晚，我决定从另一家规模小，但有潜力的社群网站下手，这就是痞客邦。

当晚我就打电话给痞客邦的创业团队，并约好见面。我使出浑身解数，在3个月之内完成与痞客邦的合作，从此城邦集团找到进军数字世界的前进基地。

我花了两年的时间（2007年到2008年）与痞客邦的运营团队磨合，放手让他们去工作，结果痞客邦在两年内，从台湾流量位列百名左右的网站，进步到流量前20名。如果除去台湾地区之外的网站，痞客邦那时已是台湾流量前10名的本土网站。

在痞客邦的协助下，我们不断复制网站的经验。我提出实体虚拟、虚实整合的策略，我期待每一本纸质杂志都能建立一个网站，以维护相关的读者社群。

这个计划正在如火如荼地推动中，虽然未来成败未卜，但是作为一个实体媒体的经营者，我不能放弃对网站的探索，因为一旦放弃，便代表了城邦集团未来没有发展，如果纸质杂志式微，我们会倒数计时，等待死亡。

与此同时，城邦集团也构建了自营的网上书城——城邦读书花园网站，在2008年，这个网站业绩增长了一倍，我知道我们在网络的布局方面已经成功抢下了“滩头堡”。

创业陷阱

当直线前进走不通时，绝对不能停在原地，要立即变招，寻找突破口。没买到“无名小站”，如果我就此收手，那么城邦集团在数字世界的布局将是一场空。在哪里失手，当下立即找回来，是创业者应有的态度。

城邦出版集团是我个人创业的代表作，这个集团已经具有中型企业的运营规模（每年10亿元新台币的营业额），而且已经有良好的布局。我一生中所交的创业学费，所学到的所有观念与能力，已全部用在城邦出版集团中。

我很庆幸，我并没有被短暂的成功冲昏了头，也没有因为安定就安逸起来，我仍然充满了斗志。因为我知道，我肩负了所有员工的托付，也肩负了所有投资人的期待，我要担负起管理者的责任，继续奋斗，继续创新，继续探索未来。

网络世界大冒险

从 2007 年亚马逊公司推出 Kindle、
2008 年苹果公司推出 iPhone 之后，
一个全新的网络世界彻底来临，
也威胁到所有纸质媒体的生存，
当时我所经营的城邦集团面临着读者大量流失、
市场大幅萎缩的危机，
我们的未来应何去何从？

8 独持偏见，一意孤行

我知道，我们如果不积极进行创新、拥抱改变，我们将来日无多，可是想改变，要从哪里开始呢？

我首先为未来做了一个推演。我假设我们还有 5 年时间，5 年之后，时空环境会变成纸质媒体难以经营。我写了一篇文章——《最后的五年》，告诫自己，也提醒团队，要趁着这 5 年时间，努力创新，启动变革，彻底改变我们以纸质媒体为主的运营架构。

当时我们虽然已有改变的决心，但要如何改变、如何创新，却完全没有方向。我们只能摸索。

可是在动手摸索之前，我先做了一个大胆的决定，以表示我的决心。

我估算了一下我们公司，当时我们每年大约可以赚 3 亿~4 亿元新台币，如果我从每年赚的钱中，拿出 20% 进行创新、用于投资，这对我们的股东来说并不过分，花 20% 赚来的钱，买未来的发展，值得一搏。

我下决心每年花 6000 万~8000 万元新台币进行创新投资，这绝对是个大胆的决定。我的团队、我的股东都表示疑虑，可是我一旦下了决心，就不达目的，誓不罢休，我决定“独持偏见，一意孤行”。

就这样，我做了以下几项大胆的投资。

第一项是并购了一家新创的博客平台——痞客邦。并购完成后，我让他们放手发展，团队从最原始的四个人，快速扩展为二三十人，再扩展为五六十人，我采取完全信赖的态度，让他们走自己的路。

在发展的过程中，这家公司每年都要赔三四千万元新台币，每年岁末年终，我都要反复地煎熬：这家公司有希望吗？我还要继续支持它吗？

每年都是一个痛苦的抉择，所幸当时我做了一个决定，在财务看不到好转时，我只能看关键绩效指标——流量。如果流量有增长，代表这家公司正朝好的方向发展，就值得继续投资，这成了我持续支持痞客邦的最佳理由。

到 2012 年，痞客邦在台湾地区最重要的竞争对手——“无名小站”，无预警地关门，这给了痞客邦非常好的机会，在台湾“一统天下”，痞客邦的经营从此步入坦途。

我做的第二项投资是创立了一个在线的创作、出版、销售平台，名为“POPO 原创市集”。这个网站提供给所有想写书、出书的人一个平台，他们可以在网站上注册一个账号，然后进行创作。作者可以选择把作品在线上公开，供读者阅读；可以免费，也可以收费。这是一个在线创作、编辑、出版的平台。

我之所以做这个平台，主要是担心如果哪一天在网络上出现一个经营出版的“野蛮人”，摧毁了实体出版的架构，那么我们在实体出版的地位将一夕覆亡。

因为这个担心，所以我下定决心，与其担心别人颠覆我们，我们为什么不颠覆自己呢？我决定“自杀以求生存”，自己着手做一个平台。

由于这个平台史无前例，所以其经营过程极为艰难，所幸我的团队韧性十足，发挥了“在沙漠中种出作物”的精神，一步步缓慢前进，每年都有增长。

我做的第三项投资是把原有的图书、杂志所经营的读者，复制成各种垂直的社群。为 IT 杂志、女性杂志、家居杂志、旅行杂志……分别建立在线的网站社群。我们先用已生产完成的内容去吸引读者阅读，进而经营各种垂直社群。

我们所经营的各种社群大大小小不下数十个，我们先追逐流量增长，再用流量变现。我们坚信，只要各种类型的社群存在，就算纸质杂志式微，甚至消失，我们的在线社群仍然可以存在。

我做的第四项投资是 App 的实验。App 是 iPhone 独到的发明，席卷全世界，因此我们也成立了一个团队，专门开发各种 App，我们应该是台湾地区经营 App 的先驱。最多的时候，我们上架了数百个 App，总下载量也达到数百万次。

只不过我们始终找不到 App 的经营模式，我们发现 App 的开发费用和所获得的利润永远无法平衡。在经历几年的测试之后，我们终于在 2013 年放弃了 App 的实验。

以上四项投资，每一项每年都要花掉一两千万到三四千万元新台币，而总数也刚好是我们公司每年获利的 20% 左右，约 6000 万~8000 万元新台币，所以我义无反顾，“独持偏见，一意孤行”，下决心走到底。

所幸皇天不负苦心人，到了 2015 年年底，其中两个项目——痞客邦和 POPO 原创市集，同时由负转正。虽然这一年赚的钱极为有限，但这无疑是漫漫长夜中的一线曙光。我们正式宣告城邦集团进入全媒体时代，我们不再只是传统的纸质媒体公司。

2008 年到 2015 年，是我们公司创新、创业的关键时期，虽然我已“五十而知天命”，但是我从不停滞，我永远在吸收新知识，永远在网络的第一线，与所有的年轻人一起打拼、探索。

我永远是战场上的战士，我会奋战到人生的最后一刻，我的创业之心，永不停息。

▶ 把爱传出去

当我的创业历程逐渐稳定下来之后，

我开始分享我的创业经验，

也帮助一些年轻人创业，

我变成了投资人，

也变成了创业辅导教练。

9

几个投资及辅导创业经验

我不记得我的创业分享及辅导是从什么时候开始的，好像一直都有一些人会通过各种关系找到我。有的是在创业遇到困难时，来请教我如何解决；有的则是在尚未创业时，就来询问我如何启动创业。我一向来者不拒，知无不言、言无不尽，尽可能给予帮助。

我的想法很简单，在我创业时有这么多亲朋好友，在资金、建议上给我帮助，给我这么大的空间学习、摸索，从不企求回报。现在我也应该把这份爱传递出去，帮助即将创业的人，走出创业之路。

其中有许多是我团队中的成员，当他们想创业的时候，我义不容辞。我会为他们提供想法，帮助他们完成创业规划，必要的时候，也帮助他们募资。

有一个非常能干的业务主管，曾经做过房地产销售，后来决定重回老本行，离开我的公司去开房屋中介公司，我不仅成了他的创业教练，还参与投资，帮助他完成募资。

他做了两年的房屋中介之后，决定转行到计算机系统软件业，我继续扮演同样的角色。他虽没有赚到大钱，但创业的过程还算平顺。

这个案例让我充分理解，创业者本身是成败的关键，只要创业者本身是对的，不论他遇到什么困难，都能解决。

另一个案例则完全相反。有一个创业者想要创业，我非常鼓励他，也全力帮助他，但他的生意每隔一段时间就资金告急，且一再增资，最后我不得不亲赴现场了解情况。他的说法总是千篇一律：人生地不熟、团队成员不佳、资金不足等；最后的结论总是：只要再投入资金就可以改善。我相信了几次之后只好放弃。

事后我发现，理论上他开了工厂后应该亲力亲为，但他始终待在上海市区的办公室，从来不去工厂，工厂交由朋友管理，而那个他信任的朋友吃他的、用他的，拿公司的产品去做人情。他和我年轻时一样，当创业是游戏，几乎犯了创业过程中所有可能犯的错，当然不会成功。

其实我从财务报表中就能看出问题，但我没想到他会犯如此低级的错误，所以一再借钱给他。

还有一个案例。一个出版同行开了一家小出版社，他在财务周转不灵时通过一个编辑找到我。那是一对年轻的夫妇，他们的小孩刚出生。先生有一些才气，只是野心太大，扩张太快，以至于局面失控。我心生恻隐，倾尽我当时所有的财力——几百万元新台币，希望能帮助他挽救出版社，但是没能成功，最后还是破产了。

这个年轻人事后告诉我，他会记得我，在有生之年一定会报答我。我告诉他别在意，我只是在“把爱传递出去”，报答那些过去曾帮助过我的朋友，他只是那个得到帮助的人，只要好好奋斗就够了，别想太多。

另一个案例类似。我的编辑告诉我，他的一个朋友在经营公司时，遇到了困难，希望我能给他一些建议。结果我一再地在资金上帮助他，但最后也没能改变什么，那个公司还是解散了，那个创业者后来只好重回打工生涯。这是另一个接受到我“把爱传递出去”的幸运儿。

资金与管理并行

有了这几次的经验，我确定一件事，那就是资金一定不是关键成功因素（Key Success Factors，KSF）。从此以后，我的帮助一定是资金与我的 know-how 及管理并行，这样才有机会帮助创业者成功。

我更清楚地总结出三条创业的关键成功因素：第一，创业者本质好不好，人对不对；第二，经营模式是否符合时代潮流，大众有无需要；第三，资金、团队、技术等其他因素。

从此以后，我把我的创业帮助分成两种模式。一种模式是“把爱传递出去”的回报型。这种模式以 200 万元新台币为单位，只要人对、值得信赖，我就参与投资，但更重要的是，每个月我会找这些创业者来吃一顿饭，了解他们的运营状况，也给他们一些建议，让我宝贵的创业经验能有所作用。

创业陷阱

我不是天使投资人，因为我的钱不多，但我是很好的创业教练。分析别人的状况总比分析自己的状况更加清楚，所以我决定利用自己的强项，不再做盲目的“天使”。

另一种模式比较倾向于投资型。我会仔细检查所有的环节：人、经营模式、团队、能力、方法等，而投资金额也较大。这种模式是我在考验自己的眼光，也是在证实我是否能真正看透创业的风险和过程。

其实我有许多让自己觉得骄傲的经验。有一家公司在筹备时我没赶上投资，但在他们经营一年多、公司仍处在亏损与困难之时，被我发现了。经过了解后，我发现它完全符合成功的因素：人对，经营模式正在形成，团队、态度等各方面也都正确。我拜托这家公司让我投资，完全不担心他们仍在亏损，经过我的一再请求，3 年后，他们终于开放了一些股份给我。

后来，这家公司几乎年年赚进一个股本，每年分股配息，但赚钱对我而言并不重要，重要的是我证明了我的观察能力。

现在我每个月都要参加很多次像这样的餐会，一方面继续“把爱传递出去”，另一方面也“看住”我的投资，让我的创业经验能对年轻人产生帮助。我很乐意这样做。

Chapter 2 创业十三律

正确、高效、节省成本、有效解决问题，
这些都是老板的“老板”。
创业者做所有的决策都不能违背这些原则，
不能为所欲为。

创业第一律：以身相殉律

◎ **“以身相殉”的创业者精神**

◎ **成王败寇自己来**

定律解读：

（一）创业是非常人的道路：没有稳定，没有安全；只有剧变，只有起伏；要么成功，要么失败。成功则功成名就，衣锦荣归；失败则身败名裂，一无所有。创业者要有“以身相殉”的心理准备，拿身家性命，赌未来成功。想安定者莫进此门，不能承受风险与挑战者莫进此门。

（二）创业是条不归路：一旦启动，不能停止，结局也只有成功、失败两种，停滞、不上不下都只是过程，半途而废的代价很高，所以创业贵在慎始，不能有“试试看再说”之心。

（三）创业的成功率不高，约占两成（我的主观判断），因此大多数人将沦为“败寇”，不可不知。

适用时机：

创业前及创业初始。

10 “以身相殉”的创业者精神

在创业之前，要先确认何为创业者精神。

创业者能扮演救世主，他们与一般工作者最大的不同是，他们有“以身相殉”的精神。对创业者来说，事业的好坏就是他们的好坏：事业好，他们可以得到名利；事业不好，他们就化为灰烬。而职业经理人就不会这样。当船要沉了时，职业经理人想到的第一件事情是拿起救生衣逃命，而不是守到最后一刻。

这种坚持到底、决不退缩、不惜搭上性命的创业者精神，就是“以身相殉”的精神，是当下金融乱世中拨乱反正的良方。

创业者“以身相殉”的精神，包括三个元素。创业者精神的第一个元素是行为上的“负完全责任”（accountability）。这是西方管理学界20世纪末以来最流行的管理话题，可以翻译为“问责”，其真正的含义是要为结果负完全的责任。不管是谁的错，你要对所有的事一概承受、一肩承担，以问题解决、目标达成、结局完美为最终目的。创业者成王败寇的宿命由此而来，在成功与失败之间，没有模糊的空间。

创业者精神的第二个元素是态度上的“无我”。你要以企业的最高利益为重，就算损害自我的利益，也在所不惜。典型的例子就是，为什么宏碁集团创始人施振荣会说：“我宁可丢掉经营权，也要让企业赚钱，让企业能够活下去。”奇美集团创始人许文龙会说：“只要奇美光电能存活，老板不一定是我。”他们都以企业的利益为重，没有自我，这是创业者最伟大的情操，绝非一般执行者所能及。

创业者精神的第三个元素是“创新”。他们不满足于现状，他们会有破坏性的改变，他们追逐更完美，不惜自我否定，也就是经济学家熊彼特（Joseph A. Schumpeter）讲的要能“破坏式地创新”（disruptive innovation）。

台湾过去的创业者，顶多是追随现状的创业者，是跟随者，不是规则制定者的创新。因为以 2300 万人口的台湾市场为基础，很难成为全世界市场的规则制定者，但在金融风暴下，我们有机会把台湾地区和祖国大陆合并为一个市场，这就有全新的可能。

“大胆想”（Think big）是创新的核心元素，在金融风暴下，也要有重塑商业规则的气度，不仅要在现状中解决问题，还要彻底创新竞争规则。

创新的另一个要素是自我否定与否定过去，如果无法否定过去，你就无法启动变革。你要有埋葬自己的心理准备，你要“自杀以求生存”。如果你对现在的思维方式还有一点眷恋，就没有机会改变。在金融风暴中，原有的舒适圈已变成一个痛苦的房间，停在当下只有死路一条。

把过去的想法全部归零，这个社会正在等待每个角落、大大小小、充满创意的各种创业者。把乱世当成一种机会的开始，而不是悲剧的结束，准备奋力一搏，变革就启动了。

测试你对工作“以身相殉”的指数

这是一个完全自我坦白的心理测验，请不要用社会的价值观来回答，而要以最真实的态度自我坦白，请作答。

题　　目		你的答案
1	你服务的公司，对你的意义是？ ①压榨你的组织　②用劳动力交易金钱的对象　③对你有恩的组织	
2	工作对你的意义？ ①养家糊口　②有事可做　③实现理想	

续表

题　　目		你的答案
3	找工作时，你最在意什么？ ①薪水　②行业前景　③是否与兴趣吻合	
4	在工作报酬中，你最在意什么？ ①固定薪水　②绩效奖金及红利　③股票选择权	
5	下列工作中，你会挑哪一项（若薪水接近）？ ①知名大型公司经理　②中型公司副总经理 ③有潜力小企业总经理	
6	制定工作目标时，你会： ①保留实力，定低目标，确保完成　②按实力定目标 ③乐观向上，定高目标，自我挑战	
7	你做事的态度是？ ①保留实力，交差就好　②跟大家一样就好　③全力以赴做好	
8	当公司分派一项非你职责范围内的工作要你完成时，你的反应是？ ①又来找我麻烦　②即使不满意，也只好接受　③又有表现的机会	
9	你的付出与所得，公司与你谁有利？ ①你有利　②双方都有利　③公司有利	
10	当你看到报纸上有公司经营困难，要求员工降薪的新闻时，你直觉的反应是？ ①公司又在压榨员工　②不知谁对谁错 ③公司一定有不得已的难处	
11	当你接受新任务时，你首先考虑的是？ ①做不好会有什么伤害　②试试看再说　③做好有何奖赏	
12	如果因绩效不佳被降薪，你会： ①强力抗争　②默默接受　③自我检讨	
13	被老板要求而接受了高难度的工作目标，你的想法是？ ①气愤难平骂老板　②人在屋檐下，不得不低头 ③老板可能有道理	
14	当你负责的事发生错误时，你最先想到的是？ ①谁该负责　②寻找借口　③寻找方法解决	
15	公司要调动你的工作时，你的态度是？ ①除非我喜欢，否则我不接受　②即使不满意，也只好接受 ③只要公司需要，都会全力配合	
16	别人工作不力，导致你的工作绩效不佳，你会： ①责怪别人　②自认倒霉　③协助他人做好	

续表

题目		你的答案
17	看到别人犯的错可能导致公司利益受损，你会： ①不关我的事　②替公司担心，但无能为力 ③婉言规劝，让错误不再发生	
18	当公司与你自己的利益相冲突时，你会选择： ①对自己有利　②不知如何处理　③对公司有利	
19	你有一项资源，当公司需要时，你会： ①不动声色，不让公司使用　②计算利害后决定是否给公司使用 ③主动奉献给公司使用	
20	当你在一家公司工作 5 年之后，遇到公司面临困境时，你会： ①寻找其他工作　②看看再说 ③做到最后一刻，协助公司渡过难关	

结果诊断：

1. 计算回答③的总数。

③的数目在 10 个以下，你是普通员工，以自己为重。

③的数目在 11～15 个，你应该是主管，会被公司委以重任。

③的数目超过 16 个，你有创业者倾向，有为公司“以身相殉”的精神，有做老板的可能。

2. 回答①都是倾向于以“自我”为重的；回答③都是倾向于以“公司”为重的。

11 成王败寇自己来

每个人创业的原因都不一样，但最可怕的是，还没想清楚创业的真相就走上创业之路，而一旦面对痛苦、风险、煎熬、剧变，就后悔，因无力承受而崩溃放弃——这是最大的悲剧。

怕热就别进厨房，创业是高温的锅炉，要创业前先想清楚吧！

一位读者在演讲场合问我："为什么这么喜欢创业？是什么样的动机促使您一辈子都在创业？"

当时我无法仔细说明，但这是一个十分重要的问题，每一个徘徊在生涯抉择的十字路口的人，都应该仔细思考。

虽然我是一个天生的创业者，身上流着勇于冒险的血液，但如果不是几个令我印象深刻、难以忘怀的场景，我也不见得会走上创业之路！

这些令我印象深刻的场景，都是在我当记者时，在第一现场对几个知名公司倒闭的事件进行新闻采访时所见到的。

1985 年台湾地区发生了知名的"十信案"，老板蔡辰洲出事时，我遇到一位"十信"的高层主管，他在"十信"努力工作了一辈子，即将升到一个他梦想中的职位，这是他奋斗一辈子想要达到的目标。但"十信"一夕间倒闭，他一生的努力化为乌有。在我面前他虽没有呼天喊地，但魂游身外、大悲无泪，我感同身受。

另一家知名的贸易公司倒闭时，我遇到一位前台小姐，在采访时她帮了我许多忙。她告诉我，这是她应征了许久才得到的工作，而现在因为老板经营不善，她又要重回寻寻觅觅的日子。虽然我试图帮她介绍工作，但在那个不景气的时代，随时丢掉工作的风险永远存在。

员工是“油麻菜籽”

这些令人伤心的场景，都让我体会到员工的为难。员工是“油麻菜籽”，掉落在肥沃的田里，可能长得好；不幸掉落在贫瘠的田里，可能永远也发不了芽；就算在肥沃的田里成长，也可能会因为环境变化，而枯萎夭折。

员工把主控权交给老板、交给公司，期望寻找一个欣欣向荣的公司，追随一个英明神武的老板，随着公司成长的浪潮，得到安身立命的空间。

但事与愿违，风险永远存在，就像我所见到的这些案例。这些可怜的员工认真努力地做了所有的工作、完成了所有的任务，但最后却随着公司和老板的失败而跌入万丈深渊。

因此，我油然而生“成王败寇自己来”的决心。选择当员工就是期待安定，丢掉自主权，配合公司，吃一碗安稳的饭。可是如果安定无法确保，那何苦要委屈自己呢？不如选择创业，“成王败寇自己来”，这就是促使我走上创业之路的真正原因。

我时常劝年轻人，在不了解自己的性格之前，不要轻易走上创业之路，因为创业的风险、变动、不安……不是每一个人都能承担的。具有冒险精神、喜欢迎接挑战的人，才是创业的上选人才。

但是，人生的际遇不能安排、无法规划，个性最安定的人，却可能被命运之神赋予最大的人生变动。一个人将安定作为人生最大、最重要的目标，他不见得会得到安定，因为他只会每日忧心害怕变动，他会为可能的变动惶惶不可终日。

想一想“成王败寇自己来”的潇洒痛快吧！人生有时需要不同的思考。

后记

1. 有人是天生的创业者，平凡、没有风险的事，他没兴趣做，只有创业才能满足他，这种人百不择一，大多数人不是这种人。

2. 有人创业就是想要赚大钱、成大业，但很可能坠落万丈深渊。一厢情愿者莫进此门。

3. 21 世纪最大的变动，就是好公司会倒闭、会破产，想领一份安稳的薪水，要祖上有德。与其领薪水、看别人脸色，不如自己创业，这是另一种思考。

创业第二律：不自由律

◎ 没有自由的人

定律解读：

（一）一般人对老板最大的错误认知是老板可以为所欲为，拥有最大的权力，可以一言而决，做他想做的事。如果你因为羡慕老板的自由而想创业，这是绝对的错误。

（二）公司中老板最大，但老板还有更多“老板”：客户、股东、员工、外部关系人、媒体等都是老板的“老板”，这些人都可以让公司绩效不佳，老板要看这些人的脸色。

（三）正确、高效、节省成本、有效解决问题，这些都是老板的“老板”。创业者做所有的决策都不能违背这些原则，不能为所欲为，老板想怎么做不重要，做“对的事”才重要，没有“老板学问大”这种说法。

适用时机：

创业全程。

12 没有自由的人

人活在世界上，一切都被系统与制度所制约，家庭、公司、政府分别管理某些部分。人的自由有限，因此人对“挥洒自如”的自由都格外向往，而企业中的老板，通常是权力最大、自由度最高的代表，但这只是表象。

创业与当老板的表象正好相反，他们是绝对没有自由的人。

好朋友约我打球，问我什么时间方便。我说假日方便，但也要事先约定。他又问：“周一到周五工作日不行吗？”我说：“要上班，除非先请假。”他又问：“你不是自主创业当老板吗？有人会管你吗？”

对这个问题，我就不知怎么回答了。因为刚创业的时候，我确实以为“我最大”，我决定一切，不会有人管我，但在经历无数的挫折、失败之后，我知道我不仅有人管，管的人还真多，多到让我成为最不自由的人。

年轻时，我想创业的其中一个原因就是以为老板拥有绝对的自由，想上班就上班，想做什么就做什么，想怎么做就怎么做，可以完全否定别人的意见，多么权威啊！

因此当我开始创业时，第一个学到的就是当家做主的决断与权威，就是那种爱做什么就做什么的自由。在我自己的王国里，我主宰一切。有时候在外面受了挫折，回到公司里，我甚至还会更加恣意放纵自己的权威，来自我满足、自我补偿。

几次创业的失败，让我确定我是不入流的创业者，我是不合格的老板，而自以为“没有人管”，又是其中关键错误之一。

“遵守承诺”是创业者的基本法则

时间的不自由，是我最先体会到的事。创业初期，我是最关键的员工，我负责的往往也是最重要的事，因此，很可能启动是我、整合是我、结案也是我，如果我随便更改时间，整个团队的工作就全乱了。我要遵守承诺，准时完成所有的事，才能让公司有效地运作。我是老板，可是我卡在工作流程里，我完全没有自由。

我创业初期的失败，就是因为放纵自己，让时间流逝、工作失控。

接着，我彻悟的是工作的不自由与快乐的不自由。理论上所有重大决定都会汇总到我身上，如果有 A、B、C 三个方案，我可以决定用任何一个方案；如果没有明确的方向，东南西北可以任我决定；我也可以随心所欲地提出我的创意，以显示我有多么英明，要同事跟随我的直觉前进。不管工作进行到哪里，我都可以用一通电话，让所有人暂停、转向、重来。“随心所欲，操控自如”恐怕是对创业老板最传神的描述。

问题是决策的随意，会因成果不佳而幻灭；财务报表用满篇红字对我的愚笨表示抗议；工作团队用脚投票，表示他们要远离老板。我唯一能做的不是挥洒自己决策的自由，而是仔细观察团队的意见与反应，仔细思考环境的变化与暗示，小心谨慎地做出决定，以确保结果正确。

我的决定不再是“我喜欢的”，而是可行的、效率最佳的；我的决定不再是我一言而决，而是要得到团队的认同，我成了没有自由的人！

表面上，老板拥有绝对的权力，但要用“绝对的不自由”来制衡，老板要向团队、向客户、向股东、向环境妥协，做出不随心所欲的正确决定，才能持盈保泰。

后记

1. 创业其实是很可怕的事。想想看，许多行业，你一旦创业就不能停止，比如开餐厅，不论刮风下雨，客人都可能会上门，你不能随意休息，这就是不自由。

2. 创业通常是做生意，给钱的是“大爷”，因为对方是客户，你能挑客户吗？生意上的名言是“争财不争气”，指的是不要和客户过不去，不论你多讨厌他、多生气，你都要笑脸相迎，这又是不自由。

3. 创业者要有更高的自律与自我控制能力。

创业第三律：挑战不足律

◎ 创业从不足开始

定律解读：

（一）创业就是用最少的资源，挑战不可能，以获取成功时最大的报酬。白手起家的故事，5000 元、3 万元创业成功的故事，都证明了资源不足是创业的基本原理。

（二）资源的不足，包括许多方面，资金不足只是最外显的事实，其他如能力、团队、关系、技术等也都不可能充分。这些都需要靠创业者投入决心、毅力，全力去克服。能克服资源不足，创业才能成功。

（三）合理的资源投入、完整的规划、充裕的培育期，这些都是大公司启动新事业的"非效率导向"做法，绝不能与个人创业相提并论。

适用时机：

创业全程，尤其是创业筹备初期。

13 创业从不足开始

创业遭遇困境的概率很高，在成功之前，无不困难重重，而最坏的借口就是资源不足。如果你把资源不足视为困难，那你还不是一个真正入门的创业者。

创业就是用较少的资源达成目标，创造最大的利润。

我有过一次非常不愉快的投资经验。一个亲戚想创业，我成了义不容辞的投资人。因为是亲戚，我就省略了所有的检查和管控流程，只有在他遇到困难时，我才有机会去了解。只是每一次了解后，都以再拿钱投资收场，这成了我最痛苦、最两难的投资经验，碰不得、说不得、退不得……

过程中我也尝试尽力协助，但经过几次的沟通之后，我决定放弃，因为这位主事者连最基本的创业观念都没有。

第一次沟通，这位创业者告诉我，因为对环境不熟悉，所以做错了一些判断，如果有人告诉他一些规则，他就不会犯错了。

第二次沟通，他告诉我，他的团队成员人数不足、员工不称职，所以他做不好。

第三次沟通，他又告诉我，他手中的资金不足，如果资金充足，他就可以买到更低价格的原料、更高效率的机器，就可以生产成本更低的产品，就可以赚钱。

几次的沟通，都归纳出一个结论：不足。从对环境的了解不足、团队能力不足，到资金不足。对这位主事者而言，创业所需要的资源，没有一项是足够的，因此经营不善，理所当然。

“不足”才是创业的起点

不幸的是，“不足”正是创业的真相。创业就是从一个人的理想出发，用自己的能力、决心、毅力，突破所有的不足，包括理解、能力、资金、团队等的不足，开创出一个全新的生意，把理想变成现实。

而学院派的经营课程，对新事业的投资、创办则有不同的说法。事前要做市场调查，要做可行性分析，要做竞争对手比较，要写完整的经营策划书，要有几年的财务预算，要有运行时间表，要有组织团队规则，要慎选首席执行官……

学院派的说法都是对的，但这些绝对不是个人创业，而是大企业要新创事业的做法。个人创业只能凭自己的能力，能做多少算多少。在事前的准备、资源的整合、团队及成员的组建上，绝对不会足够，“不足”才是个人创业的真相。

创业之所以吸引人，也是因为可以用较少的投入，创造收入极高的新事业，这是从零到无限大的过程。因此“不足”是无中生有的想象，是丑小鸭变天鹅的奇妙旅程，也是平民百姓晋身亿万富豪的途径。“不足”是创业的起点，是内涵，是原罪，是不可或缺的一部分。如果有创业者把创业失败的理由归为“不足”，那么这个人完全没弄清楚创业是怎么回事，根本没资格创业。

我写这篇文章时义正词严，但我也经历过幡然悔悟的过程。在我创业过程的早期，我曾经和那位亲戚一模一样，怪罪所有的事，抱怨“不足”，而不知错在自己。一直到我体会到“不足”的道理后，我的创业之路才豁然开朗。

后记

1. 好的创业者不会谈不足，只会谈如何解决不足。如果缺钱，好的创业者谈的是如何找到钱；如果找不到钱，他会想，可不可以转变方法，用比较少的钱做事，而不是一直在抱怨缺钱。

2. 抱怨资源不足，是一般主管会做的事，也是一般员工常犯的毛病，他们会说“巧妇难为无米之炊”，但好的创业者不会这样说。

创业第四律：态度至上律

◎ 创业第一天就预约成功

◎ 测试人生的极端值

定律解读：

（一）创业是不断失败与不断成功的过程。为何会不断失败？因为观念不正确，因为不了解创业的原理与真相。而一旦观念正确、态度正确，你就踏上了成功之路，剩下的就是等待成功来临。

（二）正确的观念态度是什么？相信认真、全力以赴会成功；相信真正解读使用者的困难、满足使用者的需求会成功；相信童叟无欺、道德至上会成功；相信表里如一、坚持到底会成功；相信皇天不负苦心人，辛苦耕耘的人会成功。

（三）至于其他创业的要素：钱、能力、方法……只要创业者的观念正确、态度正确，问题都可以解决，所以态度至上。

适用时机：

创业前及创业全程。

14

创业第一天 就预约成功

管理学上常说的一句话，“人对了，事就对了”，这也适用于创业。创业者几乎决定了一切，而且对的创业者注定会成功。

激励大师在上激励课程时常说：“当下想通了，你就成功了。”这听起来像在催眠，也像在变魔术，真的有人会相信当下立刻就会成功这件事吗？

我没上过激励课程，也不相信成功有速成这种事，但我相信只要观念正确、态度正确，从你决定创业或正式开始创业的那一刻起，你就注定未来会成功，剩下的就是你怎么坚持到底、始终如一地走下去，一直到成功到来的那一刻为止。

这是我相信的创业逻辑，只要开大门、走大道，观念、态度正确，老天爷在你经历各种磨难后，终究会用成功回报你。对这样的信念，最近我又得到一个佐证，那就是“信义房屋”老板周俊吉的创业故事。

周俊吉创业成功的故事我早有耳闻，当我受邀为“信义房屋”的企业传记作文推荐时，我更是感受深刻，正确的态度与观念就像飞机起飞的时刻表，在你创业之初，就已经预定了飞机起飞的时间，你只要按部就班、认真工作，时间一到，创业成功就像飞机一样准时起飞。

在时间上，这虽然不是创业第一天就成功，但已具备了成功的要素，一定程度上预知了成功的结果，离“创业第一天就成功”也不远了。

要创业的第一天就预约成功，需要什么样的观念、态度呢？根据周俊吉的说法：讲信重义是核心。房屋买卖最需要的是诚信，因为涉及买卖双方最大的资产交易，因此当“信义房屋”以信义为号召，再加上实行给业务员高底薪、低奖金的制度，自然就形成了“信义房屋”客户利益至上的企业文化。久而久之，“信义房屋”用最刻板、最僵化的制度，统一了房屋中介行业，也让自己成为知名的房屋中介公司。

牺牲短期利益，坚守核心价值

这个故事说明了最笨、最基本的做人道理，也隐含了企业成功最深奥的学问。问题是大多数的企业会这样说，也会有类似的企业信念，但真正把这种精神融入每日的企业经营中，并真正做到的公司，却少之又少。因此，这些珍贵的价值观，就慢慢变成象征性的口号了。

可见，企业经营不仅要有崇高的企业精神，更重要的是如何坚持这些看起来迂腐、做起来未必能立即见效的原则，并且把这些核心价值落实到日常的工作中，这才是创业成功的关键。

牺牲短期利益，坚守核心价值，是企业经营树立典范的有效方法。“信义房屋”用最严格的海砂屋[①]认定标准，宁可拒绝到手的生意，也要替业主把关，这就是坚持。每一个具有崇高理想与经营原则的企业，都要经历无数次严格的考验，当你能拒绝短期的利益、谨守原则时，你就会获得客户及大众长期的信赖。

我们无法罗列哪些正确的观念、态度会让创业者预约成功，但只要是做人的基本原则，可能都是企业经营不可或缺的精神。

---

① 海砂屋是使用了不合格海砂作为混凝土砂料的建筑物。在地震灾害中，海砂屋可能造成严重的后果。

后记

1. 态度是创业成功的关键，但并不代表有了正确的态度很快就会成功，因为还要算上学习的时间、时机时运的因素。有许多人虽然态度正确，但也要经历长期的折磨。我在《商业周刊》的创业过程中，也经历了 7 年的煎熬。

2. 我无意贬低能力或方法的重要性，能力强、观念错的人，虽然也会取得成果，但终究会犯错，最后被打回原形，所以观念、态度还是最重要的因素。

15 测试人生的极端值

创业就是一个人的变身过程，从贫穷到富有、从平凡到成功、从能力不足到能力完备，每一个阶段，创业者都在向前、向上提升自己的人生境界，不断测试自己人生的极端值，就是创业的真谛。

每隔一段时间，我一定会提出新事业的创办计划，或推动大型高难度的工作规划。总之，就是要把我已经渐趋安定的工作方式，再度推入更困难、更具挑战性、更不确定的环境中，而我自己也会打起精神、全力以赴，享受御风疾行、挑战高难度的乐趣。

有人问我为什么已届退休之年，还能够保持如此高的斗志，对风险甘之如饴，完全没有安定退缩的打算。

我没想过这个问题，但也顺便整理了一下自己的工作逻辑。我发现我是战士，在战斗中我得到人生最大的乐趣，而一旦战争结束，生活安定下来，我就觉得人生无趣，我就会为自己开启另一个挑战，发起另一场战争。

创办新事业就是我人生的战争，因为新事业充满了不确定、充满了危机、充满了挑战，当然也充满了高获利的报偿。每启动一项新事业，我就回到了从前、回到了年轻时代、回到了活力无限的战斗中。

这是我天生的性格：喜好新事物、喜好冒险、喜好挑战。我不能要求每个人和我一样，因为不见得每个人都能承担高压风险，也不见得每个人都适合冒险。但是适度测试自己人生的极端值，倒是丰富自己阅历的必要手段。

每个人的人生都不是一帆风顺的，都充满高低起伏，这些高低起伏都是人生的极端值，代表了一个人的人生可以多么丰富、多么曲折、多么戏剧性、多么值得咀嚼和回味。

不断挑战人生的极端值

想一想，你最快乐、悲伤的事是什么？你经历最大的痛苦是什么？你面临过最危险的情况是什么？你赚过最多的钱是多少？你赔过最多的钱是多少？你做过最疯狂的事是什么？这些都是你人生的极端值。

当然，人生的极端值也可以很生活化。你住过最贵的酒店在哪里？你去过最豪华的餐厅在哪里？你花过单笔最多的钱在哪里？你去过最难到达的地方在哪里？你去过最远的地方在哪里？你去过最好玩的地方在哪里？这些经验都能让人在回首一生时，觉得殊堪告慰、不虚此行。

人过五十，我开始利用所有可能的机会去测试各种人生的极端值，我才发现我过去的人生太专注在工作与事业上，我是一个"生活无趣"的人，这是用"享乐人生"的角度来思考。

但我也有值得告慰之处，在工作、事业与挑战上，我搭上了人生的超级云霄飞车，我经历了"鬼门关前走一回"的风险，也历经了"一夜点石成金"的梦幻，我还经历了长达 10 年公司随时可能倒闭的折磨，当然我也曾意气风发过。一个"生活无趣"的人，在事业上却经历了极端值。

我看到许多的年轻人死守家园、选择安定、畏惧困难、远离风险，我不禁想问，你愿意你的人生就在餐厅、客厅及卧室中度过吗？你要的就是偶像剧里的虚幻人生吗？

后记

1. 一个读者看到这篇文章，将我引为知音，因为他也充满了斗志、充满了活力，我很高兴有同好，这或许是社会进步的原动力吧！

2. 创业者是战士，不论面对什么样的敌人，都会挺身而出、勇敢面对。害怕只会降低你的胜算，毫无益处。

创业第五律：
一人决胜律

◎ **老板的唯我定律**

◎ **红尘浪里，千山独行**

◎ **就只责怪我一人**

定律解读：

（一）创业通常从一个人起心动念开始，但不论启动时的团队有多少人，真正成功的关键因素，都在创业者（老板）一个人身上，成败都由老板一个人来决定，可谓“成也老板，败也老板”。

（二）在创业的过程中，创业者是孤独的，你领导团队向前迈进，关键时刻，所有人仰望你“圣裁独断”，创业者要一肩扛起。

（三）创业者在创业中，要演所有的角色——要演最后的守门人，要演超级MVP（最有价值球员），只要有空档，创业者就要补位，就要立即解决，没有任何推脱的理由。

适用时机：

创业前的认知阶段，创业全程。

16

老板的唯我定律

在我痛苦的创业过程中，我曾经一直声讨别人、声讨环境、声讨方法，但都未见成效，一直到我开始检讨自己。我发现我才是问题的根源，创业失败的凶手。

有一则员工讽刺老板的笑话。

员工守则一：老板永远是对的；员工守则二：如果老板是错的，请看守则一。

这则笑话道尽了员工的无奈。“人在屋檐下，不得不低头”，大多数员工都是在这种无奈与妥协中存活的。

这个笑话的背后是老板的全知全能、完全负责、无可推脱。

在我辛苦的创业过程中，有很长的时间，公司都处在水深火热之中。那个时候，我做的最多的事是声讨环境、声讨生意模式、声讨团队、声讨工作方法，试图从这些外在的因素中，寻找问题的解决方案。但我从来就没有想到自己，不晓得一切错误的根源，可能就在自己身上，因此一切的努力都归于无效。生意模式、团队或工作方法虽然有所改变，但是掌控这些变量的关键因素（自己）并没有改变。所有的问题，也就仍在原地打转，解决一个问题，又产生一个问题，公司的情况并没有改善，依旧处于水深火热之中！

我声讨外界而得不到答案，才逼不得已回头看自己：是不是因为我不对，才使所有的事都变成错的？这才是一切改变的开始。

对的老板能把错事做对

我的想法有错，我的态度不对，我的判断失误，我的用人失当，我的方法不正确，这些都是问题的症结，所有的根源都在“我自己”。当我想通了这个道理之后，我知道答案不在外界，而在自己，先要改变自己，当自己的观念、想法、做法改变了之后，再尝试改变外界。

有趣得很，当我自己改变了之后，过去很多我认为有问题的事，就变得不是问题了，就迎刃而解了。

这就是我体会出的“老板的唯我定律”，对的老板会做对事，就算事情是错的，对的老板最终也会把错事做对。如果事情是错的，一定是老板有错，因为老板决定了一切——选择了时间、选择了市场、选择了生意模式、选择了团队、选择了方法，而所有外界的因素，都是因老板而来，因老板而设，就算外界的因素有错，也只是小错，真正的大错都在老板身上。

不论你是老板，还是主管，“唯我定律”是最基本的认知。所有的答案，不在外界，都在你，因为你有最大的权力，你也决定了一切，包括所有的错事！

后记

1. 有记者问我：“《商业周刊》为何如此成功？”我回答：“当我离开、不再经营《商业周刊》后，它就成功了，因为我是错误的根源。”这不是谦虚的话，这是肺腑之言，而我也在彻底觉悟、自我调整改进后，才使日后的创业免于失败。

2. 老板做了所有的事，包括对与错；要为所有的事负责，包括成功与失败。

17

红尘浪里，千山独行

不论创业的团队多大，关键时刻创业者（老板）永远千山独行。没有人能为公司的成败负全责，也没有人会在公司毁灭前，陪老板走完全程（老板也不应有此期待）。所以创业者要能忍受孤独，要有勇气一人面对所有的事。

一个多年不见的老朋友约我见面聊天，我欣然应邀。没想到老朋友的会面，变成相互安慰、互吐苦水的场面。这位老朋友创业多年，算是事业有成，但最近几年遇到外在环境的变动，经营陷入困境。他的困难是团队中没有人能帮他分忧，一切问题都由他一个人承担。作为高高在上的老板，他感受到的却是孤独与无助。

我也深刻体会过这种“红尘浪里，千山独行”的感觉，表面上公司结构严谨、分工设职、各有所司、正常运作。可是在关键时刻，整个团队似乎都派不上用场，对关键的决定，没有人敢提出明确的建议，只有我自己能决定、能负责。处境艰难的时候，往往也只有我自己去面对。

所有创业者必须面对的真相

纵有千军万马，在关键时刻、在艰难之际，老板往往是那个“千山独行”的一人团队。两个老朋友，谈到老板的孤独、谈到创业者的寂寞，深有同感，也相互慰藉。

这种“千军万马中的孤独”，是所有老板必须面对的现实。这与公司制度是否健全无关，也与公司规模大小无关，更与老板个人的成功与否无关。这种孤独不是孔夫子所言“众叛亲离，是谓独夫”那种失败的领导才会经历的，这是创业者、老板、CEO 都要尝试面对的真相。

创业者最容易体会到这种“千山独行”的孤寂。在创业初期，你从一个理想出发，这是“千山独行”；在创业遭遇困难的时刻，所有的员工都可以跳船求去，只有你不行，你要死守到最后一刻，这又是“千山独行”；在公司濒临倒闭之际，所有的投资人、股东都可以放弃，只有你不行，因为你要为所有的人负责，更要为自己负责，这更是“千山独行”。

度过创业困难时期的老板，很容易忘记“千山独行”的真相，因为身边兵多将广，需要御驾亲征的机会极少，但忘记“千山独行”真相的老板，很容易失败。

道理很简单。职业经理人所做的决定绝对是最安全的决定，而不是最聪明、最有效率的决定。放弃“千山独行”的老板，等于是放弃了老板“圣裁独断”的权力，如果是这样，那么老板就应该彻底退出经营，不要扮演任何角色，否则有权不用、有责不负，公司必出大事。

老板的“千山独行”，可能是一意孤行，也可能是英明决断，但这都是老板该演的角色。就算老板一意孤行，铸成大错，他自己会受到最大的伤害，也怨不得别人。至于英明决断，成功的背后也代表着必须冒极大的风险，在这种状况下，又有谁能替老板做决定呢？纵然有千军万马，老板仍然要保持“千山独行”的孤寂与清静。

在企业高度竞争的“红尘浪里”，创业者的“千山独行”，是一种折磨，是一种痛苦，也是一种惩罚。但要度过重重危机，获得最大的成果，“千山独行”也是创业者必经的过程，是不可或缺的能力，必须坦然面对，不能逃避。

后记

1. 创业初始，创业者当然是“千山独行”，一人扮演所有角色。如果你抱怨没人帮你分担，那么你还不是一个创业者。

2. 老板永远要假设“只剩我一人”时还能走下去，这样创业才能成功。

18

就只责怪我一人

创业永远不顺利，遭遇困境时你会责怪谁？谁都不能责怪，因为就算找到凶手，但最后的亏损、失败，也都是老板自己要负责的。

所以，与其指东说西，不如一力承担。

一个下属找我投诉，说他的主管是一个没有担当的人，当团队发生错误时，主管通常把责任推给下属，偏偏这些错误通常是主管自己的决策失误造成的，可是这个主管仍然是找个倒霉鬼顶罪，不肯承担责任。日子久了，他们对这个主管完全丧失信心，只好找我反映。

就算下属不说，这个主管的问题我也早已看在眼里，我找来这位不敢负责的主管，说了一个故事：

第二次世界大战结束前，盟军选择在诺曼底登陆，登陆的前一天，盟军统帅艾森豪威尔将军在下达登陆指令后，拿出纸笔，写下了一段话："我们的诺曼底计划失败，我已下令撤军。我决定在此时此地登陆攻击，系根据情报所做的判断，所有的军士都勇敢尽职，若要责怪，就只责怪我一人。"

这一段话是假如登陆失败，艾森豪威尔将军将要用来向新闻界宣告由自己负责的声明。后来诺曼底登陆成功了，这一段话没有成为事实，但艾森豪威尔将军的态度与担当则留名千古。

我告诉这位主管，作为领导人，要一肩扛起所有的对与错，绝对不可以"天塌下来，肩膀一歪，压死一干人等"，这种主管是不会有人信赖追随的。

这位主管似乎不完全认同，他问："如果下属有错，难道我们不该追究责任，也要替他们承担吗？"

我说："下属有错当然该追究，但作为主管，应该先负责，再究责。负责是面对公司、上级的追究，应一概承受所有的责任，因为未能完成任务，或发生任何错误，身为部门主管难辞其咎，因此应先负起所有责任。至于究责，是在内部进行检讨时，再实事求是地追究相关员工的责任，而不是直接把上级的责难推给下属承担。"

我很想讲得更明白：主管的不负责任，是不承认自己的错误，把错误推给下属、推给旁人、推给环境与运气，这是比没完成任务或发生错误更不可原谅的错误。

其实"就只责怪我一人"是领导者被信赖的关键，能做到这一点的主管敢作敢当，像巨人一般顶住半边天，任何时候，只要大家全力以赴，面对任何危难，他都会一肩扛下。这种主管会为下属负责到底，下属有错，内部检讨；下属没错，更是完全信赖。

这种领导者，通过日常的相处接触，大家都会知道他是可以信赖的人，不论遇到任何困难，他都不会出卖下属，"就只责怪我一人"的主管，是下属愿意无怨无悔效力的对象，他的团队往往会在关键时候发挥不可思议的力量，突破艰难的困境。

"就只责怪我一人"更应是老板及创业者最重要的信念，老板本来就要为事业的成败负完全责任，不论谁该为错误负责，老板都要为错误承担最终结果，因此抱怨下属、责怪他人，只会让团队离你而去，彰显你的无能与不义而已！

后记

1. "就只责怪我一人"并非做滥好人，不追究问题的根源，而是强调一种自我认知的态度，老板要承担错误的最终结果，这才是真相。

2. 这不是鼓励创业者所有事都亲力亲为，只是要让团队知道老板有肩膀、可信赖，这样团队成员做事才不会瞻前顾后。

创业第六律：团队极小化律

◎ 3 个人的核心团队

定律解读：

（一）团队薪资及延伸的相关费用，通常是企业经营最大的支出，而且是固定支出，不会因营业额减少而减少，因此团队规模的大小，会决定企业损益平衡点的高低，规模越小，越容易赚钱。所以创业时团队越小，风险越低；正常运营时，团队越小，毛利润越高，获利也越高。

（二）分析创新事业的性质，把工作归纳为几个不可或缺的部分，必要时一人扮演多种角色，这样就可以控制筹备及创新期的基本团队规模。

（三）团队极小化的另一说法是，每一个功能角色都要有熟练、专业、能独当一面的人担当，因此要慎选团队成员。

（四）团队极小化指的是人力运用的最高效率，只有比竞争对手更精简，这样生产的产品及提供的服务才更有竞争力。

（五）团队极小化的加人原则是，“为解决人力不足而不得已加人”，强调增加人力的“Just In Time”。

适用时机：

创业初期最需要，会影响创业成败。进入稳定阶段后，此定律会成为影响毛利润的关键。创业全程都适用。

19 3个人的核心团队

如果可能，我宁可创业由“我”一个人开始，因为这样风险最低、效率最高。如果需要第二个人，那是因为我已经不堪重负，不得已才加人。在不确定创业能否成功时，要用最少的人力投入，一直到已经看到成功的希望，再酌情增加人力。

创办新杂志是过去20年来我不断重复做的事。最频繁的时候，一年要创办好多本新杂志，因此创办新杂志在我心中，早有最佳工作典范（best practice），而其中最关键的规则，就是团队极小化律。通常我会用3个人组成核心团队，这是创办新杂志最有效率的规模。

这3个人的组合中1人掌管内容（总编辑），1人负责广告（广告业务经理），1人负责营销。他们掌管上市行情规划及其他筹备阶段的所有杂务。在积累了无数次的创办经验后，我认为这是缩小到不能再小的团队规模，也是成功创办杂志的最佳保证。

我不是要教大家如何办杂志，大多数人可能也没兴趣了解媒体经营，但这个经验说明了创办新事业的团队极小化律，对每一个企业经营者都有参考价值。

用3个人组成核心团队

创办新事业，通常代表高风险。在高风险中，最低的投入成本，回收最快，风险最低，而最小规模的工作团队的投入成本最低。道理简单明白，无须多言，但如何让团队极小化，却是大学问。

早期我们办杂志没经验，总是想筹备充分，谋定而后动，因此认为参与人数多多益善，每个功能性的部门都要有人负责。有些单位 1 人不够，还要 2 人，经常出现超过 10 个人的筹备团队。但人数越多，沟通越复杂，争执越多，意见越不一致，整体战斗力反而不易发挥。

第二阶段，我们确定每个功能性的部门只要 1 人，而有些小的功能，可以合并后交由 1 人负责。经过这样的精简之后，筹备团队大约可以缩小为 6 个人：统筹 1 人，内容 1 人，广告业务 1 人，发行 1 人，上市营销策划 1 人，后勤 1 人。这样的团队果真降低了成本，提升了效率，创办新杂志的成功率也提高了。

经过这样的试验后，我们再进一步将团队简化为前述的 3 个人。取消的是统筹 1 人，由 3 人中最有经验的人兼管，通常是负责内容的人兼管；发行业务及后勤，则并入营销策划，因为在筹备阶段，这些工作不多。这是经过我们证实的最精简而有效的团队规模，这些 know-how 的形成，证实我们是最专业的杂志经营团队。

因此，创办新事业、组建团队的第一步是针对那个新事业的需要，列出所有功能性的工作，这一步确定了最多需要多少人；第二步再把那些非核心且工作分量不重的工作合并或缩减，这样就可以大幅缩减团队人数；最后一步是检查剩下的团队编组，分析每一项工作，假设没有人负责，会不会影响大局，如果不会，就删去，这样可以使团队更加精简。经过这三步之后，最小化的创办与筹备团队就形成了。

当然，最小化的创办与筹备团队形成后，沟通、配合与达成共识是重要的工作，然后随着工作的展开，可以视情况逐步增加人手，一直到接近全线启动时，就人员到位、投入创办工作中了。

实施团队极小化律时可能遇到的最大困难，就是团队成员的抗拒。负责筹备的人员如果胆识不够、能力不足，通常会要求更多的人力，那么团队极小化就不可能完成，因此选择创办人员是创新事业的另一个学问。

后记

1. 有位读者问我：“3 个人怎能办杂志？”我回答：“1 个人也可以办杂志，看用什么规格、什么方法，办什么杂志。如果你心中还有‘必要的规模’这个想法，说明你还没想通创业的千变万化。”

2. 团队极小化是创业初期为对不合理的风险进行控制而采取的做法，成功后团队规模要合理化，对创业期投入的员工，也要给予合理的回馈。

创业第七律：立即赚钱律

◎ **开门第一天就赚钱**

◎ **问题不要留到明天**

定律解读：

（一）这是创业中有关资金使用的态度、方法：创业资金都是不足的、有限的；一旦启动创业就要用最快的速度产生正向现金流（赚钱）。这是态度，也是决心。

（二）立即赚钱要求做到亏损期最短、亏损金额最小，最好是开门第一天就赚钱，即使不能，也要限期达成损益平衡，先达成单月损益平衡，并做到稳定赚钱，再按目标弥补累积的亏损。

（三）不能有长期投资、日后慢慢赚钱的观念，因为长期投资是大公司才有能力负担的，不是创业者该做的事。创业者的资金一旦赔光，很可能就没有翻身的机会了。

（四）创业计划受阻时，不论用什么方法，都要先设法止损，不可以拖延，因为这是倒闭的前奏，一定要抓住黄金抢救期。

适用时机：

从启动创业到创业稳定存活期，必须严格遵行。

20 开门第一天就赚钱

摆地摊的人，不会等到明天再赚钱，他们每天都要计算当天赚了多少。这是创业最基本的原理，只是大多数创业者忘了这件事。先筹备、布局、投资，再慢慢赚钱，这是创业最大的错误。

把“开门第一天就赚钱”，当作你的信仰吧！

创办《商业周刊》是我刻骨铭心的创业经验。不到一年，我就把1200万元新台币的资本赔光了；我只好请求原股东增资，大家再拿出1200万元新台币，可是一年多，又赔光了；不得已，我继续请求增资，这次增资2400万元新台币，资本总共增加到4800万元新台币；噩梦仍未结束，资本又膨胀到7200万元新台币。这一连串赔钱、增资的过程，让所有人痛苦不堪，每天都在绝望的边缘煎熬。

在创办《商业周刊》之前，我还有几次创业经验，但每一次都赔钱。创业等于亏损，几乎成了公式，让我不得不仔细思考，到底发生了什么事。

一次摆地摊的经验，让我彻底改变了对做生意的看法。一次夏天的游园会，我到现场摆地摊卖冰棒，游客人山人海，我努力吆喝，几千支冰棒销售一空，当天结完账，我发现自己赚了不少钱。这是简单清楚的生意逻辑：每支冰棒赚10元新台币，1000支赚1万元新台币，做生意就是要赚钱，而且是当天就要赚钱。

用疾恶如仇的态度面对问题

我知道我的问题出在哪里了，我把创业当作太伟大的事，缺少摆地摊那种立即要赚钱的动机与战斗力。我总觉得创业要慢慢来，准备、尝试、培养、上手，然后逐渐稳定、走上正轨，最后才开始赚钱。

我不知道时间是生意最大的成本，每天一开门，人员工资、房租、水电费、固定开支……就不断付出。遇到问题，我从容不迫，慢慢解决。遇到可能的生意，我不是立即就把生意拿到手，而是迟疑，结果生意就不见了。总之，我认为创业是伟大的事，要仔细规划慢慢来，无须立即抢钱，这样想的结果就是赔钱。

从此以后，我为自己写下了创业的关键法则，即“开门第一天就赚钱”。这包括了明确的赚钱动机、立即赚钱的愿望、简单明了的生意模式，以及高效率的执行。

为了达到这个终极目标，我把所有的创业规划放在心中，时时观察、时时分析、仔细规划，不放过任何细节，在我彻底弄清生意模式以前，绝不启动创业，因为要想一行动就赚钱，至少要透彻了解赚钱逻辑。

为了达到这个目标，我缩短准备期，让开办费趋近于零，我知道准备期越长，成本越高、风险越大。

我发现太长的准备与热身期是生意亏损的最大原因，因为只要单月损益平衡，就表示生意模式确立；只要持续亏损，就表示生意模式还不确定。避免亏损的最佳方法，就是用疾恶如仇的态度面对问题，立即排除准备期所遇到的障碍。我前几次创业的失败，都是因为给了自己太多的理由、太多的时间，我并没有准备好当一个“铜臭味十足”的生意人。没有“饥渴”与“贪婪”的心态，创业注定会失败。

而创业就是逼自己接受一个不可能完成的任务，“开门第一天就赚钱”是创业认知的重要一课。

后记

1. 很少人能“开门第一天就赚钱”，但有此观念，你赔钱的时间会缩短，亏损会减少。

2. 创业者奖金短缺，一定要对赔钱疾恶如仇。

3. 创业前先去摆摆地摊，体会一下每天数钞票、每天赚钱的感觉吧！

21

问题不要留到明天

“秀才造反，三年不成”，秀才创业更麻烦，因为创业本身就是草莽的事，而秀才读了太多书，有太多想法，凡事讲究合理，遇到问题时反而不能实时有效处理，坐视亏损持续发生，最后公司病入膏肓，无药可救。

企业家郭台铭的习惯是随时采取行动，不管今天是工作日还是假日，不管现在是下午 2 点还是凌晨 2 点。每一个鸿海集团的高层主管可能都有这样的经验，在睡觉前、休假时被老板临时召见，立即奔赴公司处理问题。大多数人都认为郭台铭不近情理，很少人将这种行为解读为一个创业者立即处理问题的态度。

面对亏损要立即“止血”

我的一个经历是：集团内的一个团队面临经营上的困难，我一再要求他们减小规模、降低成本、改变工作方法，但他们总是以各种理由拖延、敷衍，以至于这个团队永远在存活边缘挣扎。

后来我采取了釜底抽薪的做法，让这个团队采取内部创业的形式，自负盈亏，所有的问题自己解决。没想到过去我一再要求却都做不彻底的事，在他们独立运营之后，全部得到了立即执行，而且做得比我的要求还彻底，还决绝！

这两个例子，都说明了一件事：作为一个独立创业者，一定要剑及履及地处理问题、解决问题，绝对不可以把问题留到明天，尤其是对那些会导致亏损的问题，务必立即“止血”，要替公司保住战斗力，保住元气。

这是创业者与普通员工最大的差异。

对普通员工而言，亏损是老板的，问题也是老板的。亏损于他们而言没有切肤之痛，但改革、改变，却会立即增加工作上的困扰、工作量，因此对问题先是视而不见，然后大事化小，小事化无，淹没问题，隐藏问题。当老板开始追究时，就是推、拖、拉，非得被逼到死角，才会采取行动。

这样的员工、主管，最后一定会被组织边缘化，也是当企业进行组织重整时，第一拨被裁员、遣散的对象。

创业者则不同，没发现问题就算了，一旦发现问题，就非得立即处理不可，这就是为什么郭台铭不管何时何地，都会找来主管立即处理问题，哪怕给人不近情理的印象也在所不惜。

我无意评论郭台铭，更不是要替郭台铭的不近情理找理由。我只是要强调这种立即“止血”、不把问题留到明天的态度，这是作为一个创业者必要的认知。

其实，创业者没有郭台铭这种大老板的好命，创业者没有可以使唤的人，更没有可以代替你去处理问题的人，只能自己动手、亲力亲为。因此如果要不近情理，也只是对自己不近情理，要鞭策自己立即下手，面对问题。不管是风大雨急、三更半夜，还是端午、中秋，只要问题在那里，创业者就不能搁置，要立即处理。

表面上，问题不等同于亏损，不见得会立即体现在财务报表上，但只要问题存在，就会变大，就会蔓延，最后都会以财务报表上的赤字的形式，处罚老板，处罚创业者。

员工也许可以无视问题，但主管既然要为结果负责，就不能无视问题的存在，这就是所谓的“问责”的要求。其实，立即“止血”是每一个对自己有要求的员工不可或缺的认知。

后记

创业者通常没有庞大的团队，所有的问题都要自己处理，所以创业者要把“止血”当作第一要务，而不是做一些缓不济急的事，因为“止血”是创业中最重要且最紧急的事。

创业第八律：
最后一元律

◎ 最后一块钱

定律解读：

（一）资金是创业的血脉，处理好资金问题，永远是创业成功的关键。而在创业遇到困难时，如何争取最大的生存时间和空间，走出创业的困境呢？就是要避免花光手上可用的资金。最后一元律，就是此时的救命法则。

（二）下定决心，决不增资，把手中的现金当作最后一笔钱，这是创业者的基本认知。

（三）一旦这是手中最后一块钱，就非到最后一刻，不能花费；或者确定花费这一块钱时，只有保证能够赚回另一块钱，才可以出手。每天都要精算每一笔支出。

适用时机：

创业陷入困境时。或者更积极地从创业初始，就如此看待每一块钱，就会得到最大的创业试错空间。

22

最后一块钱

如果一个人手中有源源不断的资金，那么他不会珍惜。集资而成的创业最容易陷入一再增资的状况，因为钱赔光了，所有股东一起负责，经营者没有“断炊”的压力，结果通常闹得不欢而散，股东反目。

2007 年，《商业周刊》安静地度过 20 周年，现在的《商业周刊》坐稳台湾地区第一大杂志的位置，当年一再亏损、一再增资的窘境，已少有人知。可是对我而言，那是我最重要的创业试验，在那一段痛苦的日子里，我用“要把每一块钱当作最后一块钱”的心态，度过了最艰难的时刻。

不断赔钱、不断增资是恐怖的梦魇，原因除了我的经营不善、策略不明，还有一样，就是花钱不当。刚创办时，我雄心万丈，什么都想做，认为所有的钱都该花，很快钱就花完了；增资后，我又一样作为，很快钱又花完了；到第三次增资时，所有的股东近乎翻脸，我知道这是我们的最后一笔钱了，如果又赔完，就不会再有任何钱进来了，我们要小心谨慎地使用这些钱。

尽管如此，我们还是不知如何善用金钱，不会省钱。一直到所有的钱又快赔完时，我们才真正觉醒，如果没有非常手段，我知道我们没有机会反败为胜了。

守着手上仅有的一点钱，我告诉自己，要把每一块钱当作最后一块钱，要把每一块钱用在最关键、最紧急、最有效益的地方，我完全放弃了正向思考，采取完全不讲理的逆向思考方式。

精算成习，把钱花在刀刃上

要花任何钱之前，我会问："不花会死人吗（这只是比方）？"如果不会，就不花。如果会，再问："谁会死，那个人重要吗？"如果是不重要的人，也不花。或者："这一块钱花出去会有效益吗？"如果百分之百有效益，才考虑。接着还要问："有几倍的效益？"倍数不高也不花。总之，在"最后一块钱"的逻辑下，花钱成了绝对的"罪恶"，我成了不可思议的"守财奴"。

尽管如此，我们还是花光了手上所有的钱，过上借钱周转、寅吃卯粮的日子。当我们处在倒闭边缘时，"最后一块钱"已经不是假设的情况，而是活生生的现实，每天我们都要和"最后一块钱"告别，开完这张支票，下张支票的钱不知道在哪里。

我很清楚，如果没有"最后一块钱"的逻辑，我们无法撑那么久，也等不到团队改善，更等不到环境与运气的改变。

从此以后，"最后一块钱"化为我内心的信念，当我成为经营者，身负组织团队的成败责任时，我谨守每一块钱，节俭成习、勤俭经营、精明花钱，虽然这与我的个性相去甚远。我大而化之、不拘小节，讨厌斤斤计较，但我知道，面对经营、面对团队、面对创业的成败，"最后一块钱"的小心谨慎，是必要的"罪恶"。

"最后一块钱"不是小气，而是花钱之前的审慎、精算与分析；"最后一块钱"也不是不敢花大钱，因为只要经过精算后，最后的一块钱与最后的100万元、1000万元，是一样的意思，即只要精算成习，钱就会花在有效益的刀刃上。

后记

1. 对独立筹资的创业者而言，手中的资金可能是辛苦储蓄得来的，也可能是借来的，很可能花完之后，就再也没钱继续投资了，所以会很自然地慎用每一块钱。

2. 回忆这段创业过程时，有时我会想如果股东们对我坏一些，不要给我这么多次机会，可能我会彻悟得早一些，也不会浪费这么多钱。当然，我的"理想主义"才是公司陷落最重要的原因！

创业第九律：欲求不满律

◎ **创业从“愤怒”开始**

◎ **“五斗米”的背后——信仰**

定律解读：

（一）此定律用在创业的项目、行业的选择上，用于描述所创事业的核心原因，以及用户对创新事业所提供的产品或服务的购买及使用动机。

（二）创业会以产品或服务的形式呈现，每一项创新事业一定代表了社会（消费者）的某一种需求未被满足，或者是某一种困难亟待解决，而满足这些需求，解决这些困难，就是创业机会。

（三）创业者对这些未被满足的需求有深刻感受，他们或愤怒，或生气，于是，一股挺身而出解决困难的冲动油然而生，这是最典型的创业动机。从解决自己的困难，到解决大家的困难，是水到渠成的。

（四）把社会的“欲求不满”变成创业机会，这只是一般的生意。生意的最高层次是背后有信仰、有热忱、有高端的价值论述。比如，太阳能事业、有机产业背后的绿色地球主张，出版事业背后的全民教育主张等。信仰会使需求理想化、合理化、社会公益化，让生意有更高的动机与价值。

适用时机：

创业选择时，并在创业中全程遵守。

23 创业从“愤怒”开始

每个人在生活中都会感到不满、不便，每个人也都会看到社会中的不公、不义，大多数人选择忍受，只有少数人决定挺身而出改变它。因为不满、愤怒，所以拔剑而起，决心“登斯民于衽席”，这是社会进步的动力。

在商场上，消费者的不满、不便、困难，也是创业者最大的机会，创业从“愤怒”开始。

1994 年，我开始尝试学习使用电脑，电脑杂志是自学者的重要工具，可是买了电脑杂志之后，我发现自己看不懂，也学不会，而这样的学习过程更是痛苦不堪。

遇到这样的困难，让我决定办一本让大众看得懂、学得会的电脑入门学习杂志，这本杂志就是《PC home》。我们在创刊时喊出的“无痛苦学习”的口号，几乎成为学习类商品的经典宣传文字。

同样的经历，又发生在了我第一次装修新房的过程中。我买了一本本土的杂志参考，但十分不满意，只好再买英文的杂志、图书参考，感觉好一些。装修完新房之后，我决定办一本家居装潢类的刊物，这就是台湾地区现在十分受欢迎的《漂亮家居》杂志。

需求不满就是生意良机

“读者有困难，我们提供解决方案。”这句话成为我经营媒体的核心理念，可是我之所以会创业，原因在于身为读者、芸芸众生的一分子，我常常会感受到不足，体会到不满，而当不足与不满强化为愤怒时，我就决定要改变、要创业，因此创业从“愤怒”开始。

这样的想法支持我创办了许多杂志，但它从来没有在头脑中清晰而完整地呈现过。一直到 2007 年，我出版了日本知名设计大师村上隆的《艺术创业论》，在台北“小巨蛋”的演讲中，村上隆说出了“创作从‘愤怒’开始”的理论，这让我瞬间联系上了创业。艺术家的创作来自不满，来自愤怒，企业家、生意人的创业也一样来自不满，来自愤怒，来自决定以一己之力改变社会的决心。

当创业从“愤怒”开始的观念形成之后，我开始仔细地检视自己的创业历程，发现“愤怒”几乎无处不在，一直在内心深处触发着我的创业动机。

当我是小老板时，我发现政治权威与商业利益扭曲了新闻专业，我决定有一天我要办一份独立、中性、客观的报纸；当我是小职员时，我发现公司内是非不明、组织混乱，我决定有一天我要创建一个公正、公平、公开的组织，让所有员工安心工作；当我觉得老板唯利是图、克扣员工工资时，我决定未来我的公司要和所有合作伙伴分享利益。当我看到大众有困难得不到解决、有需求未被满足时，我意识到那是机会，那是市场，那是生意人千载难逢的良机！

愤怒地看到与单纯地看到生意机会完全不一样。单纯地看到生意机会是生意人天生的赚钱动机，目的在于改善个人的财富与生活状况，那是一种生意人精准而理性的计算。而愤怒不同，由于我们看到社会上的不平、不足、不满，所以决定挺身而出，尝试改变，那不只是理性分析，更是一种发愿，一种舍我其谁的反应。

没有“愤怒”的生意，可能会赚到钱，但未必能达成个人的自我实现；没有“愤怒”的生意，只是筹码的增减，不会为人赢得尊敬；没有“愤怒”的生意，只是个人赚钱的工具，跟社会的改变没有关联。从事没有“愤怒”的生意，你只是个生意人，最多只能多挣几个钱罢了！

后记

1. 创业的初始动机一定是赚钱、改善财富状态，但客户为何要接受你的商品呢？因为你解决了他的困难，所以“寻找未被满足的缺口”是创业之源。

2. 创业的高端论述，是改变社会，让社会生活更便利、更进步、更公平，这就要在生意之外，增加道德、理想层次的追求，“愤怒”就是指向更高层次追求的情绪动机。

24

“五斗米”的背后
——信仰

工作不只是工作，工作背后要联结兴趣，才会让人有更强的学习动机、投入动机；生意背后也要联结信仰，才能让人熬得住苦日子，耐得住寂寞，以待市场勃兴之时。

一个年轻人下决心创业，他告诉我，他看到绿色环保、健康方面的商机，他要做有机食品的相关事业，我非常认同，因为这是走在趋势、潮流上的产业，是未来社会的热门产业，只要努力坚持，市场会越来越大。

可是我问了一个关键问题：“你是把‘有机’当生意，还是真的相信‘有机’，实践‘有机’，信仰‘有机’？”

这个问题的标准答案是：两者皆是。作为有机食品创业者，既要相信、实践“有机”，把“有机”当信仰，也要把“有机”当生意。

我怕的是，他只把有机食品当生意，因为这个领域是启蒙中的先导行业，并不是社会中的热门领域，难免有它寂寞孤独、惨淡经营的过程，没有信仰，很难支撑下去。

普通员工与创业者的差别

再者，经营未来行业以及社会中具有理想色彩的行业，都要有传教士的精神，只有把自己当作先驱者，对信仰身体力行，才有机会引导大众，把小众需求变成生意。

这就是普通员工与创业者的差别。两者的初始动机都是赚到足够供自己所需的“五斗米”，但普通员工通常只拿时间、专业、体力换取报酬，只把工作当作谋生的工具，对工作本身并不一定认同、信仰。对他们来说，工作有偶然性、时间性，因缘际会做了某一个工作，也因偶然而改变、更换，工作只是一个人暂时的停驻，并不代表长久的承诺。

创业者不同，除非创业失败，不得不停止，否则创业往往代表一生的投入，虽然也有人一生创了许多业，可是大多数创业者穷极一生投入一个行业，甚至把所创的事业代代相传。这样做的本质，只是满足个人的“五斗米”需求吗？

创业者还要面对一种高度的竞争关系，要比同行做得更好、服务更佳，钻研、探索、练习都是必要的过程，这也不是仅有“五斗米”的需求就能做到的。

因此，创业者从“五斗米”的需求开始，但成功的关键在于，赚钱的动机背后还有更高的追求。

认同、兴趣、信仰、愿景，是一连串“五斗米”背后的关键词，是常被创业者忽略的追求。

认同是肯定一件事、一个行业，因为你要将自己和这件事画上等号；兴趣是要真心喜欢，即做这件事是你的乐趣，你会不断深入钻研，每天练习，反复实践，不觉得无聊；信仰是把这件事加上理念与价值观，即这件事有意义、有价值、有理论、有哲学层次，你愿意一生奉行不渝。至于愿景，是要把这件事延伸成长期目标，知道达到终极目标将得到什么成果，会在长远的未来给自己、给社会、给人类带来什么改变，会创造出何种美丽的未来。

这位年轻人选了一个“麻烦”的创业领域，“有机”“绿色”背后有更多赚钱以外的事，他需要想得更多！

后记

1. 开发未来市场，走在潮流之前，是创新之举，也是伟大的创业者该做的事，但先行者一定要有信仰，才能耐得住市场未兴时的寂寞。

2. 做一般的小生意，可能不会有改造社会的意义，但对客户要尊敬，对服务要热忱，对工作要敬业，这也是一种信仰。

创业第十律：创新律

◎ **创业、创新与创业精神**

◎ **寻找“不一样”——创新的简单概念**

定律解读：

（一）创业在选择行业、产品之时，在定位及策略上一定要有突破现状、改变现状的想法，这样才能避开所有先行者已经拥有的优势与构成的威胁，这就是创新律。

（二）简言之，创新律就是用不同于市场已存在的竞争者的方法创业，即“不一样”就是创新。创业者如果开创出全新的行业及其运营模式，当然更是创新。

（三）创新有几种可能：

1. 从产品或服务性能上创新。

2. 从目标客户上创新。

3. 从与流程、成本结构相关的经营模式上创新。（详见哈佛商学院教授克莱顿·克里斯坦森（Clayton M. Christensen）的《创新者的解答》。）

（四）创新有另一个相关名词叫差异化，也叫市场区隔，即一定要用不一样的方法，才能确保你创新的事业有存在价值，否则其他竞争者已满足客户需求，为何还要你的存在？

适用时机：

创业筹备时要有创新概念，并确定创新方法。创业后要不断视客户反应、市场变动来调整创新方法。

25 创业、创新与创业精神

如果只是开一家公司、做一个生意，那已经有很多人和你做一样的事，你的公司为何会被社会所接受？你能成功的原因何在？这是一个创业者必须仔细思考的问题。

读书真的是一件有趣的事，同一本书，在不同的时间阅读，会有完全不同的体会，有时候甚至觉得就像读了两本完全不一样的书一般。

管理学家彼得·德鲁克的《创新与企业家精神》（*Innovation and Entrepreneurship*）就是这样一本让我感受深刻的书。许多年前，我想弄懂创业精神的意义都很困难，勉强“生吞活剥”地把这本“生硬”的管理学经典读完；几年前又读了一遍，此时已不用“生吞活剥”了，可以看出一些趣味，也可以感受到这真是一部管理学经典。

最近因为要谈企业创新而重新翻阅此书，竟然发现好多之前模糊的概念，一下就懂了，并且可以有效运用在企业经营实务上。德鲁克的这本几十年前完成的书，就像针对我的困难而写，而大师的身影也在我脑海中浮现。

我最深刻的体会在于创业与创新的关系。

具有创新精神的创业，风险并不高

一对夫妇在美国郊区开了一家墨西哥餐馆，他们确实冒了一点风险，也确实在开创自己的新事业，但他们是在“创业”，而不是创业者，因为他们没有任何“创新”（innovation）。

这是德鲁克在《创新与创业家精神》第 1 章的前几页写的，我一定读过不止一次，但我之前从来没有“读进去”过，也一直没有体会，然而这一次它彻底解答了我有关创业与创新的差异的问题。

德鲁克说：“具有创新精神的创业，风险并不高。”这给了我一个当头棒喝！因为我一向认为创业的风险极高，成功率可能不到 10%，但看完德鲁克的说法，我豁然开朗。

德鲁克认为，一般的创业，确实具有高风险，因为大多数人只想做生意，拥有自己的事业，但他们不知道怎么做，也没有“创新”，更没有“把资源从生产力较低的地方，转移到生产力较高及产出较多的地方”——这来自法国经济学家萨伊（Jean-Baptiste Say）在 1800 年对创业者的定义。

很明显，如果创业不只是开一个小店、组建一个小公司，做一些完全没有“创新”的事，而能在产品、流程、市场、顾客定位上有突破，那么这种破坏市场均衡的创业，成功率当然高很多。

写到这里，一切都清楚明白了。没有创新、没有改变的单纯创业（我心中原来对创业的定义），风险很高。只有针对市场需求的无法满足、产品的不好用、产品价格的过高等现象进行创造性的破坏（经济学家熊彼特的说法），才是真正有创新精神的创业，只有做到这一点，才是德鲁克心中真正的创业者。

所有想创业的人，想的应该是看到什么样的需求未被满足，可以做什么改变，而不是只想做生意赚点钱！

后记

1. 去市场买菜，一个卖鱼的老板告诉我，他做的都是老顾客的生意，他记得住每个人的习惯、每个人的出现频率，他会热心地招呼这些老顾客，他的差异化服务就是贴心照顾。

2. 做“老生意”（已有很多对手与替代产品的生意）一定要想出不一样的做法再出手，而不一样的做法，又要真的让消费者的需求得到满足。

26

寻找“不一样”
——创新的简单概念

每一个成功的生意背后，一定有创新的故事，卖棉花糖的小贩，靠精彩的表演，为自己带来好生意。

一个卖棉花糖的小贩，把卖棉花糖变成了一项表演。他顺着风势，将棉花糖慢慢拉长，棉花糖在空中变成一长串棉絮般的长条，他则快速地在远处把棉花糖卷成团状。有时过长的棉花糖眼看就要落地，四周观众中响起一阵惊呼，但他快速向前，收拢起所有的棉花糖，这时观众掌声四起，表演完毕，观众中的父母带着孩子争相购买棉花糖。

这位小贩在不景气的市场中，为自己求得了一家温饱，他说：“我的棉花糖并不特殊，但我卷棉花糖的技术绝对是国宝级！”

在电视上看完这则报道后，小贩的表演及四周父母和孩子的笑脸让我印象深刻，而每团 20 元新台币的棉花糖也变成了养家糊口的好生意。

这是我看过最平易近人的创新行为，也是最好的企业创新教材。

“创新”无疑是当代企业经营中最重要的话题，它就像无坚不摧的利器，是企业竞争、成长的关键，只不过创新被视为太伟大的名词，大多数人觉得创新“瞻之在前，忽焉在后”，把握不住创新的真谛。

用表演来卖棉花糖的小贩，把最不起眼、最普通的小生意，在产品概念上做了彻底的创新。

棉花糖是孩子可有可无的零食，一般来说它是父母反对购买的食物。

但是这位小贩把棉花糖变成了一种欢乐的情境，用表演过程吸引了父母及孩子们的目光。在欢乐中，父母忘了棉花糖是可有无的零食，孩子则把买棉花糖、吃棉花糖变成欢乐气氛的最后高潮，小贩的生意当然接连不断。

表面上，小贩只是在卖棉花糖的过程中创新，发明了卷棉花糖的技术，实际上，这背后更是产品概念上的创新——这正是企业创新行动中最难的一种创新。

用不一样的核心概念来创业

这个案例说明了创新中几个最发人深省的规则：

第一，在任何行业中，都可以有突破性的创新，不论这个行业多古老、多传统、多不起眼。

第二，创新不需要伟大，也不必全面，可以从一个小流程、小细节开始。

第三，创新也不见得需要大行动、大投资、大改造，可以由一个人的一个想法、一个行动启动，这是人人都可以做到的事。

至于如何启动创新，方法也很简单，就是“不一样”：选择“不一样”的市场、商品、技术、方法、渠道，当然还可以从更细微的角度创新，如“不一样”的价格、包装、功能、使用环境等。这些“不一样”，归纳成一个词就是“差异化”。

所以要用最简单易懂的说法谈创新，就是“差异化”，就是“不一样”，只要你用“不一样”作为核心概念，并据此做事、管理、创业，就可以启动改变，启动创新。

当你在读厚重的管理类书籍时，想想棉花糖小贩的创新吧！

后记

街头新开的小店，很容易让人区分出有无创新行为，有创新行为的小店，不但会吸引你上门，而且会吸引你反复光顾。想想他们做了什么，那就是“不一样”的创新。

创业第十一律：焦点突破律

◎ **集中全力做一件事**

◎ **掌握关键成功因素**

◎ **抢占制高点——创业实战策略作为**

定律解读：

（一）创业必然资源不足，那如何在不足中创造出好产品、好服务，以打败竞争者呢？把有限的资源集中在关键的事情上，就可以取得突破性的成果。

（二）何谓关键的事情？重点、高点、弱点、奇点。重点指的是切合消费者核心利益的产品核心功能，如医疗产品要有效；高点指的是社会形象，公益、进步、创新等任何会让人肯定与尊敬的事情都可以作为高点，如可持续发展型的绿色企业所具备的环保特质；弱点指的是从已存在竞争对手的不足之处下手；奇点指的是用异于常理、常识的行为，引起消费者的关注。

（三）把资源平均分配在所有的工作上，绝对是错误的，因为这样做的结果是“平均输”，即每一项都输。焦点突破的关键在于创造单项胜出，以赢得消费者的认同。

（四）寻找突破口，是创业成功的关键因素，找到突破口，然后全力一击，形成单点突破，获得认同，然后再扩大战果。

适用时机：

创业前要思考创业的关键性突破。创业后，每完成一次关键性突破，要立即规划下一次的突破。

27

集中全力做一件事

做事面面俱到，这似乎是追求完美的意思，但世上真有完美吗？答案似乎是否定的。我的想法很简单——做好一件是一件，因为我知道自己的能力有限。我不能做所有的事，所以我集中全力做好一件事，其他的事以后再说。

在一个重点新书的上市规划会议上，总编辑努力地报告相关的营销计划，他洋洋洒洒地罗列了各种营销活动。由于是重点书，所以项目预算较充裕，项目规模也较大，他用尽了所有可能的工具，也花光了所有的预算，但似乎还是没有把握。

我问了一个关键问题："这本书上市后有把握畅销吗？"他不着边际地回答："我们会全力以赴。"我再说："我不要不确定的答案。"他面有难色，不知如何是好。我说："如果没把握，则要取消整个营销计划，全部重拟。"他畏畏缩缩地回答："我们已想了无数次，这是我们尽全力做出的计划。"言下之意，是不知道该如何重拟！

这是我经历过无数次的情况。重要产品上市时，产品经理为确保成功，拼尽了全力，却得到不确定的结果，每个人都为这个不确定的结果而担心。

我解决这个问题的方法很简单：集中全力做一件不一样的事，如果找不到不一样的做法，那就什么事情也不要做，因为做了许多没有把握的事，只是浪费金钱而已。不花钱，不做事，至少可以少赔一些。

“备多力分”反而做不好

集中全力做一件不一样的事要具备两个要件，一是做不一样的事，二是全力做一件事。

做不一样的事，是因为如果做所有竞争对手都在做的事，则消费者早已习以为常，我们跟着做，只是和别人一样，不会有出奇制胜的效果，因此要倾尽全力想出不一样的做法。不一样就是创新，创新一定有新形式、新方法，这样才会有好结果。

一旦想出来不一样的创新做法，就以创新作为核心，把所有的经费、力量全部投入，只做好这一件事，其他的事都可以省去不做了。

做不一样的事，是要寻求创新行为，这容易理解，但为何要舍弃其他所有做法，独沽一味，全力做一件事呢？

第一，资源、预算不足，是创业的常态，在经费不足的情况下，如果不集中全力做一件事，一定是“备多力分”，即做了很多事，但没有一件事做得彻底、做得好。因此，要想做好，一定要集中全力只做一件事，先舍而后得，舍弃一般作为，集中力量进行创新行为。

第二，集中全力做一件事并非其他事全都不做，而是将经费、资源的八九成投入关键创新行为，剩下的一两成应付一定要做的例行性行为，并非不顾现实的“一刀切”。

通常被我这样全盘否定，并要求只提出一项计划后，主管们会找出一个完全不一样的方案去做。虽然结果未必都成果丰硕，但至少耳目一新。就算重做，我们也要试出新方法，得到新经验。

面对没有把握的事，不论是新产品、新事业还是新项目，我的秘诀只有一个：集中全力做一件不一样的事。

后记

集中全力做好一件事，是工作的方法，对创业更是如此，因为资源有限，竞争对手又很强大，我们只能瞄准敌人的胸膛，然后一箭取其性命。

28 掌握关键成功因素

一场球的胜利有赖于MVP（最有价值球员），事业的成功也离不开KSF（关键成功因素），创业前要先知道什么是关键成功因素，然后针对这些因素做出执行计划，这样就有机会“写完计划就成功”。

阅读各种工作计划，是我最常做的工作。而这些工作计划的最高境界是：当我读完工作计划时，模拟一下未来的运作状况，就能确定这项计划一定会成功，一切都在计划的掌握中，所有的变量都已经考虑到了，可能的执行落差也在可管理的范围内！“写完计划就成功”，是项目管理的完美境界。

但这种理想状况很少见，大多数的计划是描述了很多工作内容，要做很多事，要花很多钱，也提出了项目的工作目标，可是整个计划与最后的执行成果无法联结。我最常问的一句话是：按照你的计划执行，你确定会完成计划的工作目标吗？

大多数的员工不能承诺也不敢承诺项目计划中的工作目标会达成，这样的计划当然是不合格的。我开始尝试解剖那些达到“写完计划就成功”境界的完美计划，也让所有的员工用同样的思考，重新做计划，看看能不能提高计划的成功率。

这种完美计划通常有一项先决条件和一个特质。先决条件是工作团队的执行力一流，绝对不会在执行面出错，因此只要掌握计划的关键成功因素，就有把握成功。而掌握关键成功因素就是完美计划的核心特质。

每一项计划一定有其关键成功因素，计划复杂，关键成功因素可能就会有很多项。有的因素还互相牵动、纠缠不清，不容易厘清，更不容易掌握，这种状况下要完成完美计划，就不太容易。但也有些项目，其关键成功因素只有少数一两项，而这一两项如果能被仔细分解并掌握，就有可能写出完美计划。

经过上述的分析、拆解之后，我尝试写出“完美计划的SOP”（SOP：标准作业流程）：第一，确定计划目标，只能有一个目标，不能复杂；第二，分析促使计划目标达成的关键成功因素是什么，而且要确定这些因素是目标完成的“必要条件”；第三，衡量让这些关键成功因素发挥作用需要的资源组织能否掌握，如果资源不足，就要先解决资源问题；第四，掌握资源后，再针对关键成功因素提出明确的工作对策，以确保其完成；第五，完成整个配套的工作计划。

经过这种SOP完成的工作计划，通常可简化为：目标→关键成功因素→达成关键成功因素的方法。这三者之间具有高度的联动性，且有明确的因果关系。如果一切资源都在掌握之中，那计划写完就能确保成功。

不过，这种理想境界在实际工作中，并不常常出现，因为资源、环境、执行力等因素，导致很多计划的成功率并不能被完全掌控。

虽然如此，仔细探索关键成功因素仍具有很高价值，因为找到关键成功因素，就像找到了开门的方法，有了方法，就可以寻求解答。就算资源、环境、执行力不能被完全掌握，不确保一定能成功，但成功率的提升是可以预见的。

后记

1. 创业的思考与行动一样重要，而且要“思考在前，行动在后”，什么是关键成功因素，在创业前就必须想清楚。

2. “写完计划就成功”，需要假设执行力完备，不会在执行面出差错。

29

抢占制高点

——创业实战策略作为

这世界永远只记得第一，没人记得第二，第二只能看到第一的背影，看不到前方，只有先行者、领先者能看到前方。抢占第一的制高点，也是创业的利器。

一家知名的 3C[①] 卖场，在设立前为了在哪里开第一家店犹豫不决，因为在它之前，北京、上海两大城市都已经有知名卖场先行开业，取得了先入者的优势。作为后来者，这家卖场的经营者为要不要在这两大城市与先入者正面对决而犹豫不决。

经过再三评估后，卖场经营者决定正面对决，因为卖场成不成功，与有没有竞争对手不直接相关，而与自己是否准备好、是否做对有关。在北京、上海成功登陆，其效益远大于在其他二线城市站领市场。不入虎穴，焉得虎子，抢占北京或上海这两大制高点之一的市场，才是最关键的事。

事后证明，他们的策略是成功的，第一家店在上海成功之后，名扬全国，所有的好机会、好地点，都自动找上门来，这家公司现在已经是不折不扣的中国第一大 3C 卖场了。

制高点的各种形式

抢占制高点，是现代竞争激烈的商场中最重要的策略之一。当市场众声喧哗时，如果你和大家一样，要出头的代价就会极高，风险就会极大。

---

① 3C：电脑（Computer）、通信（Communication）和消费类电子产品（Consumer Electronics）三者的统称。

如果能抢占制高点，那么就会有机会站在聚光灯下，成为吸引社会眼球的焦点，自然事半功倍。

制高点有各种不同的形式。政治人物要抢占理想、清廉的制高点；高档商品要抢占高质量的制高点，进而取得高价的制高点；新商品要抢占新鲜或突破的制高点；科技产品则要抢占先进科技的制高点。

每一个市场都会依各种指标，形成各式各样不同的排位与级别，制高点策略指的就是选择一项对你有利的指标，抢占在这一指标上的优势地位，再强化这项指标的地位，从而自动形成眼光的聚焦。

对于新公司或新产品而言，通常资源不足以打全面性的焦土战争，因而选择一项制高点，投入全部的资源，形成局部优势，进而形成产品差异化，就是最聪明的制高点策略。

在中国，制高点策略尤其重要。因为中国幅员辽阔，再多的资源，相较于大而杂的战场，也是不够的。抢占关键的制高点，则是成功的关键。

前面 3C 卖场的例子，证明了在上海成功，较诸在其他任何城市成功都有价值。中国大陆以北京、上海为指标，在这两地成功，就等于在中国大陆成功。占领中国大陆市场，从北京的中关村，或上海的淮海路开始，一旦成功，剩下的成绩取得只是时间问题。

理想亦是制高点的最佳选项之一，诚品书店凭借文化理想进军台湾书店市场，虽然辛苦，但仍然获得认同，纵使赔钱，亦得到众多助力。印度圣雄甘地以“非暴力不合作”的理念著称于世，这又是另一种抢占理想的制高点策略的体现。

做任何事都要面对制高点的选择。在事业上，你是否抢占了制高点？这值得大家想一想。

后记

1. 企业要成为行业内最大的公司很难，但要在一项指标上领先，有策略就做得到，“我很小，但我很贴心”就是例子，找一个有高度的主题下手，创造事业的特色。

2. 每一个制高点都无法复制，也不会容纳第二人，所以每一个人都要重新寻找新的制高点。

创业第十二律：
摸石过河律

◎ **没有剧本的演员**

◎ **老板要先自己走出路来**

定律解读：

（一）创业就是用很少的资源、不足的经验，探索风险极大的成功可能。对于成功可以规划、可以分析，但是不可能有明确的程序表、计划书，要抱着摸着石头过河的心情，在不确定中探索方向。

（二）大多数人创业不成，是因为没把握，不敢下手，或者就算下手创业，也不敢奋力一搏，只是浅尝辄止，这样创业，必定失败。

（三）确定自己的个性、创业决心，再选定行业，确定此行业有前景、有机会，最后确定关键成功因素，准备必要的资源，做出执行规划，这样之后就可大胆下手执行了。只不过在执行中，要因时、因地、因状况随时寻找最佳对策、最佳路径，不要拘泥于原始计划，这就是摸石过河的方法。

适用时机：

创业全程，随时随地都要适应变动，调整对策。

30 没有剧本的演员

创业没有剧本，创业者要在演出中随机应变；创业没有地图，走出来就是路；创业也没有方法，有效的就是方法。指南针可以告诉你方向，但不会教你现在怎么做。现在怎么做，你要自己摸索。

一位表现非常杰出的主管，被外派做新事业的创办主管，我们对他的期待很高，因为他认真负责，全力投入，而且经验丰富。但结果与我们预期的完全不一样，这项新事业困难重重，计划一延再延，最后以他自己决定离职收场。因为爱才、惜才，我们下了很大的功夫，才让他同意回到原单位。回来之后，他仿佛换了一个人，表现依旧良好，完全不像他在投入新事业时的窘状。

这个特殊的经验，让我一直在思考，到底发生了什么事？为什么会有这么大的差别呢？后来有一次和一位成功的创业者谈到创业的经验时，他说了一句让我彻底惊醒的话："创业就是在没有路时能找到路！创业没有路，走出来就是路！"

我终于知道发生了什么事。员工有两种：一种是需要剧本的演员；一种是没有剧本，自己能创造剧本的演员。创业者能摸着石头过河，自己写出剧本，但大多数员工只能照着剧本演戏，有剧本，他可能是杰出的演员，没有剧本，一切都不成立。

这位主管就是需要剧本的好演员，在规则既定的工作上，他表现杰出；

但要开创新单位、新事业，他不知所措，他会迷路！

主管要能分辨守成者与开创者

有剧本的事，是已知的事，是现成的事，是有规则、有流程可依循的事，也是守成的事。面对这种工作，大多数人只要努力、只要负责，就可以做好。因为舞台已经搭好，演员只要上场，就可以演戏。

而没有剧本的事，是未知的事，是需要探索的事，有很高风险，没有现成的路径与方法。大多数人面临这种状况，通常会担心、会害怕、会手足无措，就算原本能力再强，但演出时能力往往大打折扣，缺乏章法。

没有剧本的演员，是开创者、是探索者；有剧本的演员是守成者、是执行者。所有员工大约都可分为这两类，但大多数人属于后者，真正的开创者少之又少，或许数量就是“80/20 法则”中的 20% 吧！

作为主管，辨认员工是哪一种人，是重要的事。让守成者、执行者安于工作；让探索者、开创者去测试新机会、新事业。用错了人，那就是一场悲剧，而且这悲剧的责任百分之百在于用错人的主管。

作为主管，不论工作的内涵为何，通常都要具有“没有剧本”也能开创新局面的能力。就算你主管的部门是一个职责清晰且执行例行任务的团队，主管也仍会被赋予一个新的目标，在高效率达成目标的前提下，主管要尝试新方法、找出新路径，这都属于开创与探索的事。因此晋升为主管后，不管你的个性如何，一定要学会探索、学会开创，让自己变成一个能从没路中找到路的人。

后记

1. 每个人性格不同，没路能找到路的人，才是合格的创业者。如果你要有既成舞台才会演戏，你要有剧本才能上场，那你不适合创业。

2. 传统产业有规则可循，而网络世界还不存在规则，先行者必须摸索、制定规则，这才是网络创业成功的真相。

31

老板要先自己走出路来

在探索中，创业者永远要走在最前面。你不可能指望员工帮你找出路来，一定是创业者找出路、找出方法，教员工遵照执行。老板在困难中，面对新事业、新想象，一定要先自己走出路来。

一位创业中的老板，每天在生死边缘挣扎，因缘际会找到我，希望我能给点建议。我不敢妄下诊断，只能就问题给出回答。

他说，由于本业要改善很困难，无法一蹴而就，所以他想做一点相关业务，“抢”点钱应急。由于此相关业务与其本业关联性强，而且对本业能产生延伸效益，因此我非常赞同，但接下来我就不能认同了，因为他的执行方法大错特错，完全不可行。

他告诉我，他要聘用两个新人来执行此一项目，这样才能专人专项全力工作。

我说，用两个新人启动项目，注定失败，绝对不能在公司处境艰难时，做这么没把握的事。要做，只有一条路，就是老板自己先跳进去，完成第一个项目，走出路来，证实可行，并确定工作方法，才由其他人接手。

这位创业者回答，他现在已满手工作，根本分不开身，不能再自己动手。我回答，如果这样，最好放弃“抢钱”计划，因为假手新人，不可能成功，只会浪费时间、浪费资源，让他的事业加速衰亡。

老板永远是探路者

我的逻辑很简单：

第一，处境艰难时，做任何事一定要确保成功才能出手，根本没有任何犯错的空间。尤其是“抢钱”的做法，更不能有丝毫闪失。

第二，要启动新业务的风险很高，又不能失手，那一定要由最熟悉、最有把握的人负责。这时老板是不二人选，既不会产生新的人力成本，又最能进入状态，这样才能确保新业务成功率最高。

第三，用新人来负责新业务开发工作，除非找到有经验的老手、好手，否则很难成功。但在公司处境艰难时，既出不起高薪，环境又差，绝不可能找到老手、好手。一旦用了无经验的新人，可能连简单的工作都做不好，怎能开创新事业呢？所以在这种情况下，增加新人只会让他们去当炮灰，平白牺牲，而公司也会增加成本，不可能达到“抢钱”的目标。

这其实是简单的策略思考，老板永远要认清自己的角色与任务，也要认清问题与工作的本质，否则随便提出解决方案，绝对不可能得到好的结果。

老板永远是探路者（path finder），老板永远是超级销售员，老板永远是关键困难的解决者，老板也永远要自己先走出路来，然后带领所有的团队成员走出迷宫、走出困境。

这样的思考，用在部门主管身上也绝对适用。承平时期，主管可以分工派职、调兵遣将，就算任用新人，逐步培训，也是常见的状况。但是在困难的时候、在陌生的环境中、在重要的事务和在危险的工作上，主管都不能缺席。不仅不能缺席，还要身先士卒，用经验、用智慧、用全力投入来感动团队，使团队共同面对困难。

老板或主管不需要万能，不需要会做所有的事，但要有清楚的策略思考，在处理关键事务时，在危险时刻，绝对不可指望员工能帮你完成工作，尤其新员工更加不可能。自己先走出路来，才是最正确的解决之道。

后记

1. 这个老板听了我的话，真的自己动手了，很快他就证实了这个方法可行，而且做出了成果。其后他又扩大规模，增加新人参与其中，但效果都不如他自己做时好。

2. 老板是“泰坦尼克”号上最后一个跳船的人，也是引导所有人逃出险境的人，老板自己要有勇气摸着石头过河，不能靠别人。

创业第十三律：坚持律

◎ 老天捉弄可怜人

◎ 没日没夜过两年

◎ 整军备战之心，永不停息

◎ 时间在谁手上

定律解读：

（一）创业一战，成功是运气，遭遇困境是常态，决不放弃、坚持到底是创业成功的关键。

（二）坚持的前提是前面十二条定律你都遵守了，并且你投入的是正确且有前景的事业，那么剩下就是时间的考验了，所以决不能放弃。

（三）坚持不是在创业遭遇困境时，才交出的答案，在创业初始时，就应下定破釜沉舟、决不退缩的决心，所以对创业“慎始”，才能“敬终”。孙中山十次起义失败，仍不放弃，不是毅力使然，而是他确定这件事是对的，愿意“以身相殉”。

（四）坚持是治疗辛苦与煎熬的良药。创业过程中必然困难重重，当你没日没夜地工作却不见成效，因而感到气馁时，坚持是最重要的信念。

（五）坚持也有例外，如果创业过程中，发觉原来假设的条件改变，发觉时空环境不对，发觉成功的关键因素自己完全不可能拥有，或者目标市场根本不存在，这时候就应该改变方法，或者撤退。这不是决心不足，而是理性分析后的决定。

适用时机：

创业初期想清楚，下决心“以身相殉”不退却。创业全程中始终如一，坚持到底。

32 老天捉弄可怜人

成功者是英雄，失败者是可怜人，而最可怜的人是在成功之门即将打开之际，放弃、退却的人。创业一旦过了不回归点，就不应放弃，否则可怜人就是你。

买卖股票的人，都知道有一种绝对不能犯的错误，那就是在彻底失望时，冲动地抛出所有的股票。这完全不是基于理智的判断而做出的行为，而是一种寻求解脱、类似自杀的行为。

买卖股票的人一开始一定会理性地分析判断，不论买或卖，都是在自己情绪稳定时做出的决定。当股价骤然大跌时，投资人一开始面对亏损，会感到意外与惊吓，但理性告诉他，要撑住，他仍然会分析大势，分析自己所买的股票，通常会维持原来的判断，保留股票，等待股价反弹回涨。可是如果股票不幸继续下跌，亏损越大，投资人自责就越深，这时理性思考慢慢减少，压力越来越大。当压力越过能自我控制的临界点后，理性就崩溃了，这时候他只想解脱，完全不顾危害有多大。在失望中，他冲动地抛出所有的股票，于是再无翻盘可能。

在失望中，寻求解脱的冲动决定通常是错的。以前述的股票下跌为例，只要不是结构性的运营逆转，股价总会涨涨跌跌，你等得够久，它就会反弹。问题是你一等再等，一忍再忍，却在承受不住压力时，彻底失望，不顾一切地抛出了股票。经验告诉我们，抛出投票时往往是股票市值最低点，往往当你抛出股票后，行情就会开始反弹，好像市场就是要和你过不去似的。

可怜人在临死前还会被凌迟

老天确实喜欢捉弄可怜人，每一个人都会遭遇逆境的考验，但每一个人的反应都不一样。而可怜人在承受不住打击、决定做一次性的了断时，老天还会给他最后一击。这一击不是让他伤得更重，而是在他已经出局之后，给留在场上的人更大的奖项，就像是在讽刺他不能撑到最后似的。与可怜人的悲惨形成对照的是别人的风光。老天就是用一线之隔、一念之差，分别天堂与地狱的，可怜人永远罪加一等，临死前还要被凌迟、捉弄。

可怜人有机会不被老天捉弄吗？当然有。只要不失望，不绝望，不在最后一刻承受不住压力，做出自己了断的决定，那老天就无法摆布你。

或者应该这样说，没有人天生是可怜人，每个人的机会都一样，每个人的困难也都一样。能历受住老天考验的人，就是成功者；不能坚持到最后，迎来雨过天晴的人，就是失败者、可怜人。因此，谁在最后一刻撑不住、想不开，悲剧就降临在谁身上，谁就是那个被老天捉弄的可怜人！

许多成功的人过往也都有不可思议的悲惨经历，他们能成功，是因为他们挺得住，不在最后一刻、最困难的时候决定放弃，他们拒绝命运的捉弄，拒绝成为可怜人。

每一个人都会遭遇逆境，每一个人也都会陷落；每一个人都会努力与老天搏斗，每一个人也都尝试坚持到最后，不肯放弃、不肯投降。到这里大家都一样，但接下来就要分隔天堂与地狱了。无法继续坚持、先放弃的人，就成了老天选中的倒霉鬼，被老天捉弄的可怜人，其他人也就解脱了！

后记

1. 放弃有时只是因为一时想不开，这就像有些自杀者是一时想不开而自杀一样，如果有机会重来，很多人不会自杀。所以放弃之前，多给自己一点时间，不要冲动决定。

2. 如果基本面不错，所有的股票价格其实都在涨涨跌跌，只要能忍、能等，都有翻盘的机会。

33 没日没夜过两年

每个人都有理想，但不是每个人都忍得了现实的煎熬。熬不住辛苦日子的人、体力不胜负荷的人、心智不坚的人都不能经受住时间与现实的考验。

坚持要有信仰支持，要有理想相伴，不是口中说坚持就能做到的。

一名慕名而来的应聘者告诉我："何先生，我想跟你学出版，不论做什么事我都愿意，只求你愿意教我、收留我。"

我问他："你真的什么事都愿意做吗？你知道这可能代表你要没日没夜、暗无天日地工作两年吗？你知道你可能没时间约会，你可能不太有时间休假，更可能被不公平对待吗？"

我说两年是有原因的，我要训练出一个可以独立运营的出版人才，两年是一个完整的周期。我告诉所有应聘者，如果你想学出版，给我两年，我可以给你各种历练机会，除了创业所需要的金钱我不能给你，所有的能力我都可以教给你，你会变成一个能力全面的出版经营者，而代价就是"没日没夜过两年"，无怨无悔地投入学习。

大多数人谈到这里，都会信誓旦旦地说"愿意"，并期待自己能用两年的投入，换来完整的出版领域的历练。

但是真正能走过两年关卡的人并不多。走不过不是指他们离职，而是指他们仍然在工作岗位上，但背弃了"没日没夜"的盟约。

自动自发实践自己的人生目标

其实，我没办法给任何一位同事斯巴达式的命令与要求，我顶多严格一些，但不可能进行不合理的魔鬼训练。我期待的是，我不断地给工作，而员工不断地准时、努力并超额、快速完成工作，这样我就知道他“孺子可教”，我可以给他更多的工作、更高的期待，当然员工就需要更大的投入、更多的努力才能完成。这是一个相互挑战更大极限的过程，如果有一方停下来，这个过程就结束了。

当然，停下来的不会是我，因为下指令、提要求对我而言轻松愉快。停下来的都是被我教导的员工，当他们的步调放慢时，我知道他们面临考验了，我不愿提醒他们，我要求的是自动自发，他们要在自我管理的前提下，完成两年“没日没夜”的魔鬼训练。

我不愿做任何提醒是有原因的，因为我要的是一个能独立工作、独当一面，对自己的成就有高度期待的人才，而不仅仅是一个只跟着我做事的下属。

我当然也知道，如果我强势要求，也许有些人会重新跟上脚步，但是我知道这并不是他们自动自发的行动，太强求说不定会弹性疲乏。顺其自然吧！

到现在为止，真正经受住了这“没日没夜过两年”考验的人很少，而且这种人通常有更强大的创业能量与动机，他们虽然暂时只是普通员工，但我体会得出他们内心对做出成就有着极强的渴望，他们不只是遵循我的命令工作，更是在努力实现自己的人生目标。

答案很清楚：一个对做出成就有着极高的渴望的人，从工作一开始就会表现出全力以赴的诚意，他不会抱怨辛苦，他可以衔枚疾走。“没日没夜过两年”，是一个创业者必经的磨炼。

后记

大多数人之所以没成就，只是因为犯了“好逸恶劳”的毛病。“没兴趣”“这不是我想要的人生”只不过是借口罢了。

34 整军备战之心，永不停息

每一个人都有脆弱的时候，所以外在的制度、团队的规范就是鞭策每一个人永不停息的力量。创业中，把整军备战的信念，变成团队共同遵守的准则，可以使个人免于半途放弃。

我永远忘不了在《中国时报》8 年当记者的日子。

忘不了的原因是那 8 年中每天都在作战，每天睁开眼，翻开报纸，就是一场胜负，不是输，就是赢！赢了固然高兴，但要立即提防对手明天讨回来；输了虽然是丢脸的事，但只要明天重拳还击、讨回颜面，也就可以弥补。记者是每天都在战斗的工作。

那时候，《中国时报》与《联合报》都号称自己是台湾第一大报，双方的记者也都以第一大报记者自居。为了维持第一大报的颜面，每天都要有独家新闻，因此每天翻开报纸，就有输赢。两大报记者间的战争，每天都在上演，每则新闻都关系着发行量的消长、读者的变动及记者的颜面。那是每天刀光剑影、近身肉搏的日子，杀人与被杀就在一线之间。

这样的工作养成了我面对竞争决不妥协、永不放弃，不畏战、不惧战、随时作战的心理，不管在任何时候，我都斗志昂扬，随时准备宝刀出鞘。

尤其当面临面对面的竞争时，我不断告诉自己，不要轻启战端，因为兵凶战危，但整军备战之心，永不能停息，随时都要做好应战的准备。这是我经营企业、带领团队，每天不能或忘的基本态度。

知战、备战、随时应战

企业经营，不见得随时随地都要面临这么血腥的竞争。大多数时候，可能是每个企业各做各的，有一碗饭吃，就尽量与同行互不侵犯，只要守住自己的城池，就可以存活。

但经常在某些关键时候，也会出现一对一、面对面，非得分出高下，甚至只有赢家存活的血腥场面。这种时候，企业经营者就完全没有谦虚退让的空间了，迎战变成了唯一的选择，客气只会丧失先机，让敌人有可乘之机，使自己陷入万劫不复的绝境。

因此，从创业的第一天开始，“整军备战之心，永不停息”就是我的座右铭。我之所以会如此警觉，如此充满战斗意志，完全是拜 8 年记者生涯所赐。

这是我值得庆幸的地方，因为我发觉并非所有的创业者都能彻悟市场竞争的惨烈，也不是所有的经营者都能知战、备战、随时应战，而且不畏战、不惧战。

有些经营者有着与竞争者和平共存的浪漫想法。如果市场够大，竞争不激烈，这当然无可厚非。但环境随时会改变，浪漫时光会过去，经营者不能不知战、不备战。

有些人虽然知战，但畏战、惧战，这是性格使然。这种经营者在面对竞争时，往往采取消极避战的做法，用退让换取存活空间。但是退让往往不能换取和平，只会得到侮辱，畏战的经营者只会给团队带来灾难。

“整军备战之心，永不停息”，对内传达的是我们团结一致、努力不懈的决心，对外则是告诫所有对手，我们已有万全准备，轻启战端，只能引来灾难。更重要的是，这代表了我们必胜的决心，我们随时都斗志昂扬！

后记

在有明确对手的创业中，锁定对手作战是简单的制胜方法，用敌人外患来自我激励，是最好的免于放弃的方法。

35 时间在谁手上

当创业遇到困难时，如果知道这个行业是未来的明星行业，市场会越来越大，而且知道时间在我们手上，那么只要坚持，终会守得云开见月明。

看遍商场的浮沉兴衰之后，我常感慨生意没有对错，只有进出场的时间错误，才导致失败，因此除了思考生意本身正确与否，更重要的是思考时间因素。

以我所从事的文化传播媒体行业而言，现在要创办任何新的平面杂志，都是不正确的时间，因为数字媒体来势汹汹，所有的平面媒体都受到数字媒体的威胁。因此创办新的平面杂志，要与时间赛跑，快速成长获利。如何限期回收所有的前期投资，是创办一本新的平面杂志最重要的思考。

这就是为什么现在我们要启动任何创办平面杂志的新计划时，都要考虑再三，精准地计算所有的时间（包括前置准备期、培养亏损期、损益平衡期及稳定获利期），而且要尽量压缩时间。一旦计划的时间拖长，一切都会失控到无法预测。

这代表这种类型的生意的时间，不在我们手上。时间在与我们为敌的环境的手上，时间越长，对我们越不利，如果不能限期完成计划，定时炸弹就会引爆，一切投入付诸东流，这时生意就会变得极危险、极麻烦。

可是相反的，如果现在我们创办任何数字媒体，那情况将完全改变，时间就在我们手上，只要我们活得够长，美丽新天地就在等着我们。

理由很简单，数字媒体越来越成熟，使用者越来越多，数字生活形态越来越普及，因此数字媒体的市场一定越来越大。时间在所有经营数字媒体的人手上，成功与否的关键在于是否活得够长，能否等到市场成熟发展。

在大楼崩塌之前抽身而退

这是特殊的例子，当环境随时间的改变不大时，时间因素通常会被忽视，有气派的生意人，甚至会刻意淡化时间因素。国泰集团创办人蔡万春就说：“再坏的时间，都有人赚钱；再好的时间，都有人赔钱。”这强化了主事者的决心、能力、毅力因素，而时间是可以被掌握的因素。

但是现代社会瞬息万变，时间有时候已变成影响巨大的因素，在高科技产业更是如此，因此除了思考策略、生意模式、资源分配，时间变成另一个不可忽视的要素。

时间到底在谁手上，是经营者必须仔细想清楚的关键。每一项事业不是上升就是衰退，环境不是变好就是变坏，但如果环境变动不是景气循环[①]（景气循环对企业经营影响不大），而是不可回复的变动，就像网络世界逐渐改变人们的生活习惯一般，是人们无力抗拒的变动，那么，面对这样的转变，时间就会变成最重要的因素。

如果做的是发展中的未来产业，时间在自己手上，那么想的应该是撑过萌芽期，成功就会来；如果做的是没落中的传统产业，那么想的应该是在倒计时阶段“抢”到钱，速度要快，收山要早，转型要决绝，因为时间在环境手上，我们要在大楼崩塌之前及时抽身而退！

后记

1. 顺势而为是最聪明的方法，跟着趋势、潮流，做未来会兴起的事，最容易成功。

2. 但做未来产业，太早投入很可能等不到市场勃兴之时，那就需要坚持。

---

① 景气循环：指经济景气的情况呈周期性循环变动的情况。

Chapter 3 创业私房心法

每个创业者都急着学方法、学成功秘诀，
但时空环境不同，让别人成功的方法对你未必有效，
真正可学的是创业心法。

创业准备

成功的创业从充分的创业准备开始，失败也可能从准备时就已注定。所有的创业者不可不慎始。

创业准备包括几项不同层面的工作：

（一）彻底了解创业的本质、创业必备的要件、创业成功的要素，对创业做好全方位的心理准备。

（二）确认自己的人格特质：优点、弱点、是否具备创业性格。确认自己的创业决心：是否已准备好面对一切创业的挑战。

（三）选择启动创业的行业、准备贩卖的商品或准备提供的服务，评估此行业的现况及未来发展趋势，了解已存在的竞争对手及潜在的替代商品。

（四）规划创业规模，准备相关的资源、人员、资金、设备、团队，并完成创业流程时间表。

（五）设想创业失败时，可能的伤害及救急方案，以备不时之需。

这一部分就从以上各层面，探讨创业准备时应该注意及彻底执行的工作。

36

创业性格自我检查表

常言道：性格决定命运。创业要面对各种复杂环境，这对创业者的性格也提出了特殊的要求，本篇文章给出的创业性格自我检查表可供创业者进行自我性格检查。

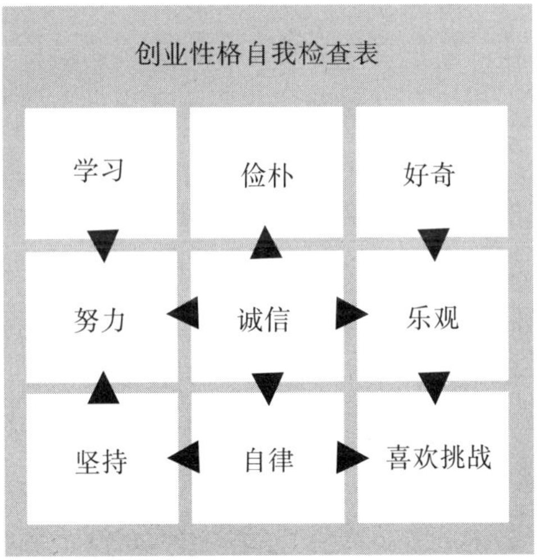

在百年一遇的金融海啸及全世界经济不景气的影响之下，台湾地区失业率又创新高，无数人在一夜之间失去工作，在百业萧条的状况下，很可能再也找不到合适的工作，许多人因此不自觉地走上了创业之路。有人预测未来可能因为很多人被“逼上梁山”而掀起创业热潮。

作为一个永远的创业者，看到可能的创业热潮，我喜忧参半，少数人可能因此展开梦幻人生旅程，但大多数人会陷入更加痛苦的深渊。在这十字路口，该如何趋吉避凶呢？本文开篇有一份创业性格的自我检查表，这是一个九宫格，分为 3 个层面：中间一列的 3 项属于核心价值层面，由诚信向上向下延伸至俭朴与自律；右列 3 项属于冒险性格层面，分别是好奇、乐观与喜欢挑战；左列 3 项属于工作层面，分别是学习、努力与坚持。

诚信是核心

判断能不能创业，首先要检查你的核心价值正确与否，从创业性格自我检查表正中间的诚信开始，检查你是否拥有最基本的做人原则——这是你被人信赖的关键。创业是要把产品或服务卖给别人，没有人会向自己不相信的人买东西，因此创业的核心要素就是诚信。接着从诚信向下延伸到自律，你懂得做人的道理，还要能够自律，能控制自己的行为，严谨遵守所有的规则。从道德到法律，到公司组织规章，到岗位工作准则，让自己变成一个守纪律的人。自律之所以重要，是因为创业是自己做老板，不会有他律，如不能自律，你创办的事业一定乱成一团。俭朴是另一种自律，体现在生活方式上，也体现在对金钱与资源运用的节省与高效上，这也是创业的另一种核心价值。

创业的冒险性格层面从好奇开始，好奇是天生的特质，有这一特质的人看什么都有趣、都想了解、都有研究之心。创业一定要创新，不创新的创业，成功的概率极低，创新源于好奇引发的探索。乐观是另一种天性，乐观的人看任何事都美好，相信自己会成功，即使面临困境，也不会丧失信心，能持续努力。创业是实践想象、是做梦，不乐观的人不会有梦想，更不会去实践。而乐观会延伸到喜欢挑战。对自己有信心，相信自己能完成，愿意尝试更困难的工作，愿意测试自己能力的极限，这就喜欢挑战的人的特质。创业途中最不缺的就是挑战，每天都可能遇到新事物，新事物就是挑战，更何况“获利是对风险的报偿”，没有挑战，风险不高，获利也就不大，所以喜欢挑战是创业者应具备的性格特质。

最后是工作层面的学习、努力、坚持，这些也是老生常谈的观念。学习是创业所需要的能力的来源，因为学习，能力就算不足也很快会得到弥补，所以创业性格自我检查表中没有能力这一项，只要肯学习，就没有不会的事。努力做到全力以赴工作，是创业执行的关键。坚持则是指面对困难、面对危机时决不妥协、决不退缩，这些都是创业的要素。

参照这个创业性格自我检查表，所有创业者都可逐项比对自己的个性，其中诚信这项不可或缺，其他 8 项，只要具备 4 项以上，就可以考虑创业，但少于 4 项，则不能贸然行事。

后记

1. 没有人在这种创业性格自我检查中能得到满分，所以自我检查时发现自己有所不足，也不必就此退却，只要知道自己所欠缺的，能自我调整补足即可。

2. 其中喜欢挑战的性格比较难以立即补足，而要在过程中慢慢磨炼而成，只要经常处在危机中，就会逐渐适应。

37

创业核心三要素：人、钱、方法

本人、本钱、本事是创业核心要素，没有钱不能创业，但要创业成功，重点在“准备好了”，而不是钱。

这一生中，我的前几次创业都以失败收场，尤其是 20 世纪 70 年代初，我生平的第一次创业——创办合家欢青年商店（超市及便利商店的前身）——更是一个偶然。在兄弟姐妹的热心参与下，这个店开张了，虽然这个店存活了很久，但最终以悲剧收场，几十年后我回想这一段经历，才发觉创业所需的核心要素，除了钱，另外两项我完全没有准备好。

对照这个经验，有读者说他想创业，但缺乏资金，所以无法将想法付诸实施，我的回答则是，“钱”不是问题，问题是那些关键成功因素你准备好了没。

什么是创业核心要素？俗话说：本人、本钱、本事，是创业核心因素。没错！就是这三项，但我把它修正为：人、钱、方法。而我的第一次创业，缺的就是人与方法，所以虽然有钱，最后还是失败了。

人，是关键成功因素

这三要素中，最不重要的就是钱，众多的创业成功故事中，有人借了 3 万元创业，有人从 10 万元起家，还有人更夸张地从一文不名开始。总之，钱只是点火的火种，只要你想，总有机会用各种方法取得。甚至如果你其他要素都具备，还会有更多的人愿意投资你、协助你创业，或者正确的说法是搭你的便车，靠你赚钱。

所以，钱是创业核心三要素中的必要因素，但不是关键成功因素。

关键成功因素是人，次关键成功因素则是方法。

人决定了创业的一切结果。人这一要素又可以分为两个不同的层面，一个是态度（或本质、性格），另一个则是能力。

态度指的是创业者的性格、价值观、想法、观念，也就是一个人的内在信仰。你是悲观还是乐观，你是进取还是保守，你是全力以赴还是得过且过，你是坚韧不拔还是退却软弱，你是认真学习还是好逸恶劳，你是目光远大还是短视近利……这些复杂的性格、价值观、想法、观念，决定了你是什么人、你会如何看问题、你会用什么态度做事。

如果你的态度正确，你的能力很快就会提升。因为能力是学来的，正确的态度，会促使能力增长，所以人的因素中，态度又决定了一切。

至于次关键成功因素——方法，又可展开为行业、know-how 及生意模式三项。创什么业、用什么方法创业、需要什么 know-how 都是方法。

当然要选择有前景的行业，又要掌握这个行业的关键技术或 know-how，还要找到清晰的生意模式，这都是方法的一部分。

而行业选择又是方法的关键，因为 know-how 与生意模式都会随着行业变动，只不过创业者选择行业时通常会受限于习惯与熟悉程度，就算所熟悉的行业前景不佳，创业者也不见得会放弃，仍会在熟悉的行业中创业，这时候 know-how 及生意模式的创新，就会变成关键。

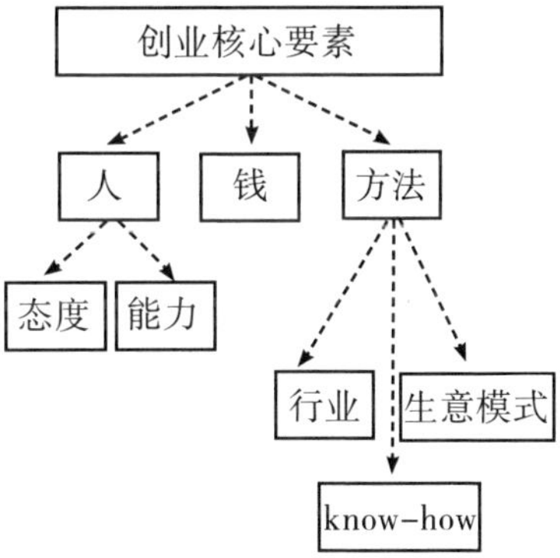

每一个想创业的人，都应该想清楚这三件事：人、钱、方法。

后记

创业前，你需要根据这个创业的要素金字塔，进行资源盘点，确认自己缺什么，不要只看重钱。

38 创业从打工开始

伟大的人，从小就会显露不凡的气质。真正的创业者即使委身在别人的企业中，也会不断自我学习，虽然是员工，但已经开始准备做老板。

一个年轻人问我，他有很强烈的创业冲动，长久以来心中一直有创业的想法在呼唤，但他不敢付诸行动，因为他不知道自己性格合不合适、能力足不足够，可是创业的想法长期以来让他不安于位，无心工作。

这是我听过最坏的创业剧本。理论上，打工、上班、领别人薪水的时期，是最重要的创业准备期，而这位年轻人却因起心动念想创业，而耽误了最重要的创业学习历程。

我在历经了两次创业尝试失败后，死心塌地地上了 8 年班，暂时把创业的想法放下，全力学习当员工，也仔细看老板如何当老板，这是我最重要的创业准备过程。

所以，我创业的第一步是打工。

大多数人都不是天生的创业者，都不确定自己适不适合创业，大约有 90% 的创业者，都是从打工开始的。创办统一集团的核心人物高清愿，就在台南帮[①]的纺织企业中打了很多年工，他决心创业时，所有台南帮的有

① 台南帮：一种约定俗成的说法，始于 20 世纪 20 年代的台南布商。台湾光复初期，在精神领袖吴三连加入，大财主侯雨利投资，吴修齐、吴尊贤兄弟负责经营的情况下，奠定了良好的发展基础。目前台南帮包括太子建设、统一集团、台南纺织等企业。

钱人都投资他，统一集团就这样很快组建起来了，然后高清愿用他在打工时所学的能力，让统一集团变成了台南帮的“金母鸡”。高清愿的创业，是从在纺织企业中打工开始的，他最后却创立了食品公司。

这说明了一件事，通过打工不仅能学到特定行业的经营能力，更能学到创业的专业技能。

所谓的创业的专业技能，指的是当老板的态度与心法，这些是用在每一个行业都合适的基本创业概念。

先学当最好的员工

如果你真有心创业，而又不是那种即知即行的天生创业者，那就从打工开始。第一步是确立创业的想法，然后暂时放下，全力从打工中学习经验。

全力以赴从打工中学习，变成最好的员工，是创业的第一步，高清愿就是这样学会了所有的能力，也得到了所有的肯定，当然也完成了一呼百应的募资工作。

“身在曹营心在汉”是最大的悲剧，想创业，无心工作，结果是两边不是人，什么也做不好，所以应把创业摆在心中，将计划设定在几年后的未来，但现在全力打工。告诉自己，现在所学的事，都可以转化成未来少交的学费。

心中有创业念头，这又是另一个创业学习的关键。为什么许多好的员工，打工了一辈子，也创不了业？因为他们心中没有创业的想法，当然打工再久，都学不会当老板。

心中有创业想法，就算在打工中，看的也都是老板的方法，想的也都是老板的思考，学的也都是老板的作为，这是有心的定向学习。做所有的事、所有的决策时，都会去探究其然与其所以然，这就是用老板的态度想事情，学会的就是前面所说的创业的专业能力，也就是做老板的专业能力。

所以想创业的人，第一步先学会当最好的员工，但要带着“如果我是老板”的心情，来观察、学习，从打工开始学创业，绝不能心猿意马，空想创业。

后记

在我带领的团队中，我可以轻易分辨出谁是具有当老板潜质的员工，我也可以确定谁永远都只是员工。可见纵使在打工时，每个人的命运也已经不同了。

39

天生创业者的秘密

有人是天生创业者，不但第一次创业就成功，而且在个性上完全吻合创业的需要。但大多数人的创业技能是学来的，甚至性格可能也不适合创业，不过只要有心，能成功创业的仍大有人在。

25 年前，我第一次受邀当朋友婚礼的总招待。我爽快地答应了朋友的邀请，心想不就是在喜宴上招呼亲友吗，反正他的朋友我也都认识，这应该很容易。

没想到，到了婚礼前一个礼拜，这位新郎交给我密密麻麻的几张纸，分别是结婚当日的流程表、婚宴的流程表、所有工作人员的分工表和联系电话，以及必须注意的事项。他要我仔细研究，如有不足再商量。

我当时刚刚进入职场，缺乏社会经验，他列出的都是我完全没想过的事。一件看似简单的事，竟然有这么多复杂细密的规划，弄得我也紧张起来，当然也努力地“沙盘推演”了一遍，但怎么也没脱离这位新郎的规划。最后婚礼顺利举行，一切都在掌握中。

这位新郎与我共事一段时间之后，就自行创业了，他的创业在我看来更是奇迹。他从事的行业，在台湾地区刚萌芽，他几乎是行业的先驱。但他顺利地走出了一条路，做成了最好的本土公司。接着他又开创新局面，将创业规模从一家公司扩展成好几家同类型公司。所有的人都说，同时拥有这么多相互竞争的公司，做一样的生意，一定不成。但他又让大家跌破眼镜，而且将公司越开越大，40 岁就赚足了钱，然后把公司交给职业经理人经营，自己游山玩水，成为悠闲的员外郎！

我再次记起他婚礼故事，是20年后的事，当时我创业不成，每天都在煎熬中度过。我再度遇到这位老友，发现他逍遥自在。我开始比对我俩的差异，就想起了这段经历，这个故事就暴露了他拥有而我缺乏的地方，那应该就是他创业如此顺利，是个天生创业者的秘密。

细密的规划与执行力

这个秘密是什么呢？细密的规划与执行力就是答案。但这样文绉绉的答案，对我来说不够用，我需要更明确、有用的解读，更精确的工作方法，才能改变我所处的困境。

严格来说，规划与执行力我也不错，但我缺乏的是像他一样细密的沙盘推演，并把所有的可能写成精确的工作手册、流程表、分工表及文字化的书面计划的方法，而这样的工作方法，又是精准执行力的奥秘所在。

我开始学习这样的工作方法，不仅要把每一件事情想清楚，还要把每一件事情的工作细节展开、再展开。从工作计划大纲，到细节行动方案；从核心工作流程，到子流程；从核心能力，到关键成功因素，到KPI的拟定。这些名词，都是我事后慢慢从管理学的书中一点一滴学习到的。我终于知道，我朋友当年所做的事，其实是有理论依据的，他没经过管理训练，却自己摸索出了一套有效的经营方法。

我终于知道，不见得每一个人都是天生的创业者，但经营可以学习，而其方法就是事前的规划与沙盘推演。

能写出具体的工作计划，并且一步步有效地检视计划，这就是执行力，也是把浪漫的创业梦化为行动方案的过程。行动前先写出完整的计划细节吧！

后记

1. 这个朋友现在仍然过着员外郎的生活，并没有在创业成功之后，就犯下错误，我不能不承认老天对他十分厚爱。

2. 大多数人创业都历经波折，受尽痛苦，或许因为这样，成功才更珍贵。

40

想象成功
还是想象失败？

创业隐藏着极大的风险，也隐藏着极大的机会，想象成功与想象失败都需要，只是两者各有不同的作用。想象成功，才有动机创业；分析失败的可能与原因，才能避免失败。

一位年轻人在我的微博上留言，说他看到两种截然不同的理论，因此感到困扰，一种是李嘉诚的说法，说凡事花 90% 的力气想象失败；另一种说法则是许多励志老师的理论，说要多想象成功，最后才能成功。

这是截然不同的两种说法，似乎都有道理，但又相互矛盾。到底是该想象成功，还是想象失败？

看到这则留言，我感触良多。因为有太多的读者问过类似的问题，有必要一次彻底讲清楚。

首先说明，这两种说法都正确，但适用环境不相同。李嘉诚的说法是在以一个企业家的角色，谈论经营事业与投资事业。在进行投资规划时，李先生强调要先想象失败，如果他承受得起失败，如果他有能力应付失败，如果失败不会让他伤筋动骨，他才会考虑投资。这是在事前的风险评估中放大失败的因子，以彻底了解失败。能管理失败，才能进一步享受成功。“诸葛一生唯谨慎”“小心驶得万年船”，都是李先生经营事业的名言。

至于励志老师的说法——要想象成功——则是整体的人生态度，强调的是要正面思考，要乐观看待一切，对未来要有信心。当我们乐观地想象成功时，我们的一切行为都是在向成功迈进，最后成功的概率就会提高。

这种“想象成功，迈向成功”的说法，是相对于悲观而言的。当人沉湎于悲观与负面的情绪中时，所有的状况都是不利的，你无法用最好的自己面对外在的变动，当然失败与失手的概率就会提高。

想象成功，让我们拥有最佳的心情、最佳的体能、最佳的斗志，我们当然就有机会获得最佳的结果。

分辨成功与失败间的冲突

其实，李嘉诚的人生态度也是乐观进取、正面思考、追逐成功的，但在进行新事业投资时，他会谨慎评估，设想失败的可能和原因，并严密管控失败，当他确定能有效管理失败时才会下手。这两者完全不冲突，各有不同的适用前提及环境。

乐观进取、正面思考、想象成功，是永恒的人生态度；而想象失败、计算失败，只在进行投资精算时适用，就算当下精算发现事业有失败的可能，人生态度还是要乐观进取。

应该这样说：每一种理论、说法，都有其假设、前提与适用范围。因此看到任何说法，不仅要吸收其结论，更要仔细了解其假设、前提与适用范围，才不致混用、误用。有时候这些理论像法律，有些级别高，有些级别低，使用有先后、有主从，适用范围有大小，尤其当产生说法上的冲突时，就得进一步分辨。

我最怕遇到爱读书，但又消化不良的人，这种人把所有的知识全盘接收，就算有冲突，也不加分辨，结果不是用错知识，就是自相矛盾。知道分辨想象成功与想象失败各自的适用范围，才是真正融会贯通的开始。

后记

1. 如果你现在一无所有，而想启动创业，其实你不需要想象失败，因为“nothing to lose”，此时你应想象成功，这是你奋力一搏的动力。

2. 如果你现在已有家业，还要加码投资，这时你应仔细想象失败，因为你要为你的团队、家人负责，失败会使他们一无所有，你不能一意孤行。

41

关键的课程，不能教，只能学！

不会有两个人用同样的方法创业成功，这代表成功不能复制，每个人都有不同的境遇，老师教不会学生，除非学生愿意学。创业者要用自己的方法走出路来，没人能告诉你标准答案。

刚刚创业不久，我就深陷泥淖，每天都面临灭顶的危机。那时我四处寻求解答，一位新闻界的老前辈被我们请来提意见，他在了解了我们的状况后说："你们太忙了，要懂得授权，自己做太多事，根本没时间思考。"他还告诉我们，在他的公司里有那么多员工，但他只和两个人说话，所有的事情，都由这两个人去执行，他完全不管例行的事。

那时候，听完这位老前辈的说法，我完全不能理解，这对于当时的我们而言，根本是天方夜谭。如果我们不自己动手做，不但事情做不完，而且做了恐怕也做不好。我怎么可能只跟两个人说话，让他们去完成所有的事呢？

可是 20 年后的现在，我大概就是这么做的。在每一个运营单位中，我只跟一个人说话，放手让这个人去做，我绝对不插手。那位老前辈的话，20 年前我听不懂，现在懂了，但这不是老前辈教会我的，而是我自己学的。我用心学、身体力行学，我用 20 年的痛苦实战、用无数的错误与尝试，得出了这个看起来很简单的结论。

现在我很清楚，许多的课程是无法教的，只能靠自己学出来。老师再好，再认真教学，只要学生没走到那一步，也永远学不会。这并不是学生不认真，而是学生所处的状态，让他们不能学，也学不来。

以我刚创业时的情况来说，我那时很想学，也确定这位老前辈的说法是对的，但我根本没法学，也不能照着做。现在我知道，老前辈说的是组织健全的理想情境中的做法：制度井然、人才不缺，即使居上位者放手，公司也可自行运作。但这是结果。我要历经很多年，做出很多调整之后，才能到这个境界。

身体力行，找出自己的答案

不能教的第二个原因是：永远不会有第二个人用同样的方法成功。每一个成功的先行者，都可以讲出成功的方法，但那都是基于他当时所面临的情境，因时、因地所产生的作为。不会有两个人面临完全一样的情境，因此别人成功的经验，后学者无法复制。我们无法期待过去的老师，用过去的经验，教导现在的学生，以解决未来可能面对的问题，时间的变化，决定了老师教的不一定有用。

而我自己又是如何学出来的呢？我不断地摸索、不断地询问、不断地尝试、不断地根据当时的情境做出应变。只要有成果，就继续；只要没成果，就换方法。这时候老师教的、前辈说的，都可能被我拿来尝试，都可能是方法，但我顶多用其局部，不会照单全收，所以当我找到方法时，那是自己学出来的。我确定人生最关键的一课，“不能教，只能学”。要自己用心，身体力行，尽一切可能去学出来。

“不能教，只能学”，不是要否定老师的功能，而是强调自己的体会、感受与应变。老师只能点醒、引导，绝不可能给你标准答案。标准答案要你自己去找！

后记

每个创业者都急着学方法、学成功秘诀，但时空环境不同，让别人成功的方法未必对你有效。

真正可学的是心法，如创业的决心、毅力、理想，如破釜沉舟、全力以赴的气魄等，这些是看来无用，但真正可学的创业心法。

42

数十年如一日
——谈创业者的自我控制

创业的老板主宰一切，主宰公司、员工、生意，也主宰自己。因此，自我控制是老板最应遵守的守则，管不了自己的人不能当老板。

小时候，老家的左邻右舍及亲戚们都是“做山”（闽南语）的农夫，有的种橘子，有的种竹笋。当时村子里的所有人都夸奖我的一位远亲，说他是最勤劳、最认真的人，而且告诫所有的小孩，长大要像这位远亲一样勤劳、认真。

印象中，这位远亲每天都会从我家门前的路口经过，早上天刚亮上山，下午天黑时下山。他的穿着很简单，就是农夫的工作服，肩上永远挑着一把锄头当扁担，一头担着小竹篮，里面一看就知道是便当、毛巾及小工具等，下山时通常会多一些当天的收获，或者是青菜，或者是水果。不论刮风下雨，他从来不间断劳作。我从小到大，看着他每天上山工作，数十年如一日。

那时候，听多了人们对他的夸奖，但内心体会并不深刻，长大后回想这一段，对他更加尊敬。我终于知道，为什么村中其他人的生活都不好过，而这位远亲家境一直不错，因为他每天都认真工作。

我敬佩他的自我控制。农夫并没有老板，也没有外在的限制和要求，而且田地即使一天不耕，也不会有立即的损失，每天做多一点还是做少一点，完全存乎一心，自己可以做决定。因此村子里其他的农夫里，认真的人照季节工作，只要跟上季节做事就好，很少有人每天都上山工作；而不认真的人，做一天休一天，甚至休两天，收成当然不会好。

每天上山，不畏风雨，完全要靠自制力，没有任何外界的要求、限制与压力，能做到几乎是达到了圣人的境界。数十年如一日，持之以恒，说起来轻松，做起来绝对不容易。

自我控制是创业者的基本条件

我体会到自我控制这件事的可贵，是在创业以后。作为一名员工，我一向以高效率、高工作能量受到肯定，但这是因为在组织的规范、老板的要求、同事的压力之下，我不得不努力地完成所有工作。可是当我变成创业者，变成制定规划、制定工作目标的人时，我几乎乱了方寸。被别人管很容易，管理自己，很容易推脱、延宕、错过时间，我控制不了自己，当然也无法有效地领导组织工作。

我终于知道自我控制有多困难，当你自己当家做主，上头不再有人，你可以决定所有事的时候，你面对的就不再只是外在的困难了，你更要面对自己的随兴、软弱、随心所欲。而这些内心的魔鬼，只有在你自己是老板时，才会肆无忌惮地作乱，如果你管不住它们，你注定要失败。

大多数人把自我控制的工作交给别人、交给组织、交给老板、交给外在的规范、交给法律、交给别人对你的制约，然后按照外部设定好的路径向前走，只要逾越，就会有人“吹哨子”，甚至会被处罚。可是当家做主是另一回事，如果你要创业、要当老板，先想一想那个数十年如一日工作的农夫吧，你能和他一样自动自发付出努力吗？

后记

1. 一位老板告诉我，他一生都在“坐生意的监牢”，话中充满无奈。他赚了许多钱，但也赔上了自由。

2. 在严密的外部控制下，没有人知道自己有多么随兴、多么软弱、多么随心所欲，在创业之前，先确定自己能自我控制。

43

柔软是创业的必修课[①]

创业是以成功或失败为终点的，在生意面前没有人能率性而为，也没有人可以“争气不争财”，创业者学会柔软，学会妥协，才能获得最大的生存空间。

我永远忘不了几十年前在一个科长的办公室里看到的一幕。那时我还是记者，正在和这位科长聊某一个新闻。这时，从外面闯进来一位西装笔挺的人，老远就朝这位科长立正敬礼，并大声说道：“科长好！”耳朵里还听到他双脚并拢立正时，皮鞋互撞的响声。显然，那是极标准的立正礼。

我几乎不敢相信自己的眼睛，因为这个人正是当年叱咤风云的黄豆饲料大王。我记忆中的他都是意气风发、不可一世的样子，但那天他却恭恭敬敬地来向科长报告事情。事后我才知道，他的生意遇到困难，需要这位科长帮忙。他用最谦卑的姿态，表达了对科长最大的敬意。他的柔软度，让我这个旁观者吓了一大跳。

我还记得另一幕。张忠谋刚创办台积电（台湾积体电路制造股份有限公司）时，我们有一次采访他，问了一些与采访主题无关但敏感的问题，他十分生气，站起来掉头离开，我们一时不知如何是好，但没几分钟，他就回来了，除了表示抱歉，还对我们的问题知无不言、言无不尽，使我们的采访进行得十分顺利。

---

① 本篇文章与《自慢：如何成为一个有绝活的人 1》中的《该低头时就低头》内容相同，为保证本书结构的完整性，故未删除。

一位主管向我抱怨一个客户十分“龟毛”，根本无法沟通。他向我抱怨的目的，是准备把那个客户列入“黑名单”，希望我谅解。那个客户我十分了解，他确实不讲理、脾气不好，但是为人还算单纯，其实只要多讲几句好话，摸透了他的脾气，生意并不难做。

做生意，要先学会弯腰求人

我很清楚问题不在那个客户身上，因为你要做人家的生意，当然要摸透人家的脾气。问题在于，这个主管是个“杠头”，十分“正直”，他认为自己对的地方，是绝对不肯妥协的。但大多数时候，他所坚持的事，并不是是非对错的问题，而是个人的主观臆断。当然，要是遇到别人真的有错，他就更加暴跳如雷了。

这样的人，我看得太多了，包括我自己在内，都曾经如此“刚正不阿”、棱角分明。年轻时，我经常坚持自己的“道理”（其实是感觉），遇到不合自己心意的事，决不妥协。我不懂变通，甚至认为变通就是乡愿、没有原则。一直到见了许多类似黄豆饲料大王和张忠谋这样的故事，我才慢慢了解，收起自己的棱角、自己的个性，不要计较小是小非，你会得到人和，得到别人的帮助。

这就是柔软度。人生在许多情况下是无法讲道理的，比如在有求于人时。生意的本质就是有求于人，求人当然需要柔软度，需要“以客为尊”，即客户永远是对的。如果客户是错的，一定是我们做错了什么事让他生气了，因此想办法不让他生气，就是我们的责任。因为只有不让他生气，我们才会得到生意、得到好处。

柔软度是为人处世的外在层面，而正直则是每个人心中对大是大非的坚持。外在层面温和，会使人好相处、有人缘、减少许多冲突，而柔软度就是良好的润滑剂。

后记

一位员工留言给我：我宁可辞职不干，也不能接受客户不合理的要求。我回答：这是员工的潇洒，但创业者不能这么随性。

44

没有压力时的巨人

这篇文章可供每一个想创业的人用作探索自己抗压性的参考。如果你不能承受压力，那创业对你而言，风险极大。

一位年轻的高尔夫球友，开球 280 码，潜力十足，在经过一两年的练习后，实力已经接近单差点。看到他的进步，我们都替他高兴，也为有此年轻高手朋友感到骄傲。

有一次同场打球，很自然地邀请他一起参与每洞 100 元的小赌局，以助球兴。但没想到面对小赌局的压力，他击球节奏大乱，当场退步到接近百杆的水平，输点钱是小事，对他信心的打击，却是无法平复的。

事后我和他闲聊，才知道他打球完全不能承受压力，不论多小的赌局，都会对他产生巨大的影响，因此他只能自己轻松打，不能参加任何余兴节目。

这完全不是钱的问题，而是一个人的性格问题。他告诉我，就算没有涉及钱，只要有游戏、有输赢，他就会紧张，就会发挥失常。

不只是打球，任何竞赛、考试，只要有压力存在，他都难以承受，因此他是“没有压力时的巨人”，为此他自己也深感困扰。

我见过非常多这样的人，恐惧压力、害怕压力，平常工作及练习时实力不凡，但在关键时候，就不自觉地紧张，结果成绩大打折扣，在生活中、工作中经常扮演悲剧英雄的角色。

常处危机中，习惯压力

根据我自己的经验，社会上真正喜欢冒险、乐于承受压力的人，可能不超过 20%，其余 80% 的人，都是害怕压力的，但像这位年轻球友一样，如此不堪承受压力，这么容易受影响的倒是少见，因此他激起了我想要一探究竟的好奇。

原来这位球友自小在一个稳定的中产阶级家庭长大，父母的教育十分成功，他按正常的程序接受教育，一直到出国留学完成学业，他是地道的“罐头”教育体系生产的产品，更是在温室中被呵护长大的花朵，稳定、安全是他最重要的人生逻辑，因此遇到任何稍微复杂的环境，他都感到不能承受之重。

我很替他惋惜，如果他能有一点抗压性，不只是那种“没有压力时的巨人”，不只是在打高尔夫球上成绩会更上一层楼，在工作上他也绝对不会只处在现在小主管的层次。

这个案例让我觉得太平静的职业生涯是不好的，有一些波折是宝贵的，不要让自己变成那个百分之百的“乖小孩”，而是要给自己找点“麻烦”，让自己处在危机中，而不要永远“play safe”。

球类运动的竞赛就是最佳的压力训练，有一些小赌注，更可以激发人的斗志。要知道克服压力有两个关键因素：一是习惯压力，这要求常常让自己处在压力中；二是要有昂扬的斗志，这是习惯压力之后培养出来的必胜的决心。因此，常常处在压力中，是压力训练的关键所在。

如果你是没有压力时的巨人，那么不论在体育竞赛中还是工作上，从今天开始设法多给自己一点“麻烦”及挑战吧！

（注：高尔夫球业余球友的水平一般在 90 杆上下，单差点指的是在 81 杆以内，这是接近职业水平的，百杆则较差。高尔夫球友一般上场会有小赌注，几百元新台币的输赢，以助球兴。）

后记

创业是“拿生命赌明天”，体育竞赛中的小赌注带来的压力与创业的压力不可相提并论，仔细想想创业的本质吧！

45

职业生涯的劫难：宝剑出鞘要趁早

有的人 20 岁已饱经风霜，有的人 40 岁才发奋走自己的路，当然还有人五六十岁仍然按兵不动，选择平稳、平安过一生。

这是命运，也是选择，每个人都无法置喙别人的一生。但时间绝对是公平的，年华老去代表着来日无多。人如果真想有所作为，早一日启动，绝对是真理。

我没有刻意忘记年龄，但年龄从来没有成为我工作上的限制，不过最近发生的一件事，让我深刻体会到年龄的威力无所不在，没有任何人能摆脱岁月的摧残。

有一位非常有为的年轻人，他的虚心、创意、行动力与剑及履及的态度，曾经让我十分欣赏。可是在最近一次的谈话中，我发觉他已不太能接受别人的意见，刚开始我还以为是我没把道理讲清楚，所以我很努力地重说了一遍，可是等我说完之后，他告诉我，他并不是听不懂，只是他的年龄让他无法按照我的建议做事，他有会做的事、习惯做的事，他自己承认，我的建议是他不习惯做的事，也是他不会的事。

这个年轻人才 40 多岁，可是已经从一个可塑性极高、学习能力极强的人，变成了一个被经验和习惯所限制、所僵固定型的人。岁月总是锲而不舍地在每个人身上留下烙印。

这完全违反我之前的逻辑，在体能上，我愿意向岁月低头，我知道我无法再像年轻时一样全速快跑，但在心智、精神上，我和年轻时一样斗志昂扬。可是这件事让我发觉心智也会老化，岁月对人的影响是无所不在的。

这个无意中的发现，让我体会到年轻有多重要，人的一生如果想要有所作为，最重要的一件事就是“宝剑出鞘要趁早”。

几年前，我的公司收购了痞客邦网站，当时网站的4个创办人还没从大学毕业，就已经开始创业，他们的年轻、单纯、浪漫，让我对他们充满了无限期待。3年来，他们在公司进行了系统化、制度化的磨炼与学习，现在他们30岁不到，已经成为可以被赋予重任的高级主管，未来不可限量。

我不禁回忆起30岁时的自己，那时我还在《中国时报》当记者，我还在一线采访新闻，我还沉浸在对采访对象的迎来送往中，自以为是个重要人物，完全忘了自己是谁！

2008年，在上海，我遇到了“爱情公寓”（在线交友网站）的创办人。几年前他们就从台湾进军上海，建立了“爱情公寓”的分据点，现在他们也已经抢下前沿阵地，成为了中国风险投资公司追捧的对象，而这群年轻人也只有30岁左右。

2009年，在郑州，我遇到一个在那里打拼的台商，他年轻的脸庞却透露出饱经风霜后的坚韧。他只有34岁，5年前，29岁的他只身来到郑州，开启了闯荡中原的奇幻旅程。

这些人的共通点就是年轻，他们早早就宝剑出鞘，用年轻的岁月赌明天。现在他们离真正的成功也都还有一段距离，可是他们绝对可以在岁月之神限制他们、管控他们之前，走出自己的康庄大道。

许多人问我职业生涯的问题，最多的问题就是什么叫准备好，问这个问题的人就是怕失败。我很想告诉他：失败永远在人生旅途上伴着你，但宝剑出鞘若够早，年轻会让你有机会重来，克服失败。

后记

1. 痞客邦、“爱情公寓”虽然都还没有定调，不知能否在网络世界中胜出，但年轻化似乎是网络世界的定律，所有的成功者都在 20 岁之前就已开启对事业的探索。

2. 没有人能在行动前“准备好”，甚至没有人知道什么叫作“准备好”，如果你等待“准备好”再行动，你可能一辈子也不会行动。

3. 读到这篇文章时，如果你年纪已大，千万别认为“为时已晚”。只要从今天开始，积极行动，就还有机会“抓住青春的尾巴”。只要行动，都有可能在有限的时间内做出不凡的成就。

46

“太早”永远不会错

我常感慨，做任何事，事情本身往往没有对错，只有时间上的对错，时间转换，对的事也可能变错，错的事也可能变对。到底什么时间是最正确的呢？

我长期工作的经验告诉我，我们不是错在“太早”，就是错在“太晚”。错在“太早”，只要熬过黑暗期，光明就会到来，但如果错在“太晚”，一切木已成舟，就永远不可能做对了。

一位朋友检讨起自己认为在创业过程中犯下的唯一错误，那就是做得“太早”。他的服务形式太创新，以至于等待市场接受的时间太长，而他准备的资金又已经花完，新的投资者也不看好公司未来的前景，没人愿意投入新的资金，结束的悲剧就发生了。

我问他：“为什么问题是‘太早’，而不是你选错行业或做错事呢？”

他回答：“还是有很多客户喜欢我的服务的，只是数量不够多，而且新客户增加的速度缓慢，赶不上公司‘烧钱’的速度。”所以他认为，这个生意应该是可做的，只不过他做得“太早”，等不到市场开花结果。

我不愿再打击他，但“太早”这两个字一直在我脑中盘旋。“太早”，真的是生意失败的原因吗？

我回想我做的每一件事，几乎都犯了“太早”的错。1987 年创办《商业周刊》，那几乎是台湾地区第一本周刊类的商业杂志，亏损了 8 年才看到曙光；1995 年创办《PC home》杂志，也是新型的大众电脑杂志（之前只有专业电脑杂志），连行家都怀疑电脑是否真的可以走入家庭，我们却一战成功；接着，我们测试网络生意—— PChome Online，这也是创新，也辛苦了许多年才勉强存活。

这些都是在市场还没形成前就启动的生意，百分之百犯了“太早”的错（如果“太早”有错的话），其过程不同，但结果都是好的。想到这些事，我确定绝对不应将“太早”视为不对的事或不能跨越的鸿沟。“太早”不只是困难，更是每一个想成就伟大事业的人，都必须面对、必须学会处理的事。

进一步分析，做任何事时，在时间点的选择上只会有三种结果：太早、太晚、刚刚好。事情很难做得精准而及时，那通常都是运气使然。因为一旦时机成熟，大家都看懂了，所有人一窝蜂地投入，这时投入就嫌晚了，所以“刚刚好”的时刻不是不存在，而是短到稍纵即逝，无法掌握。因此选择在迹象未明之际及早布局，这是有雄心壮志的人最可能做的事，但这就有可能错在“太早”。

至于选择晚一步启动，则通常是大公司的做法：让小公司先行测试市场，等待其证明可行，再用更大的规格与资源抢占市场。所以，选择“太晚”，不是一般人能做的事，而是有资源、有实力、条件良好的人的专利。

结论很清楚，“刚刚好”，是可遇不可求的事，做任何事，我们都只能选择错在“太早”或“太晚”。而选择“太早”才有机会从小做大，才有机会成就不凡的事业，怎能抱怨介入的时间“太早”呢？

做任何事，“太早”应是选择、是必然，而不是失败的理由或借口。“太早”虽然有诸多困难，但这些困难是每个人都必须跨越的鸿沟。每个有心建功立业的人，都必须认识到“太早”的必要性，并且选择“太早”，克服“太晚”。

后记

1. 错在早，慢慢熬，耐心等，活得够长就变对了。错在晚，再努力，也没用，时不我予已枉然。想要刚刚好，很难如此运气好，做事只能错在早，一切赢在先起跑！

2. “太早”只有一个问题，就是在曙光乍现之前，力气已经用尽，资金已经烧完。一定要想尽各种方法“赖活”，只要活着就有机会。

47 人生的三次机会

努力不一定成功，但不努力一定不成功，这是简单的道理。可是当一个人努力一辈子都不成功时，他难免会不平，难道人生就如此不公平吗?

其实每一个人看到的是同一个世界，同一时代的人面对的情境是类似的，所以说上天给每一个人的环境都一样，就看自己能不能把握环境中出现的机会。

几个老朋友聊起一位十分成功的友人，这位友人已是亿万身家，每天以钓鱼为乐，大家都有羡慕之意，唯独一位近况不佳的老友十分不屑：“只不过是老天厚爱，给了他机会而已。”言下之意，老天都不爱我们，没给我们机会，否则我们也可以有相同或是更伟大的成就。

这位近况不佳的老友，一向怒气冲天，酸味十足，我们早已习惯。其实这位老友也曾经风光过，但因为野心过度，扩张太快，导致事业急转直下，一蹶不振。如果说老天对他不好，我是不能同意的。

同样，说老天对我不好，没给我机会，这也是我不能同意的。50岁以前，我也常目空一切，做对了都是我自己的能耐，不顺利则怨天尤人。但50岁之后，我开始自省，老天对每个人都是公平的，这是我自省的最大发现。

仔细盘点我的一生，老天总共给了我五次机会，我搞砸了两次，把握住了两次，剩下一次是现在进行时，前途未卜。

我曾是最早投入便利超市经营的人，但我做砸了。网络新媒体的那次机会，我也没把握住。但我把握住了电脑走入家庭的机会，成功地创办了《PC home》杂志，我也把握住了出版业转型的时机，成功地建立了城邦出版集团。

至于正在进行中的机会，看起来十分吊诡，更像是挑战与危机，那就是媒体的数字化转型。这个挑战每天都在折磨我，但我深信，这是机会，我何其有幸，赶上知识内容与形式变革的关键年代。我更深信，如果我把握得好，那我们的团队将更上一层楼，有另一番景象。

这就是我现在深信不疑的信念，老天对每个人都是公平的，会给每个人机会，但最后结果如何，就看每个人能否看懂，能否准备好，能否做对，能否有效把握。

看得懂，察觉到这是上天赏赐的机会，这是每个人把握机会的第一关。投入超市经营时，我不知道这项事业潜力无穷，我也不知道我是最早投入这项事业的人，我因缘际会撞见了它，也没有一定要成功的打算，稍遇困难也就放弃了。

因为看不懂，所以大多数人在第一关就错过了机会；因为看不懂，也有许多人把机会当成危机、当成折磨，抱怨天地不仁。现在人们面对的数字化变革就是如此。表面上看，这确实是内容生产者的灾难，但年老如我者，知道这是千载难逢的机会。

准备好，是把握机会的第二个关卡。创办《商业周刊》，涉足网络新媒体，我知道是机会，但我才德不足、领导力不佳、策略思考错误，也曾错失机会。

唯有自己准备好（包括内心的修养与外显的能力），才能够应付挑战。准备好，才能有效地做对事，精准地执行，也才能有机会收获成功的果实。所以自己准备好，是把握机会的关键因素。

我相信机会无所不在，不论从事什么行业，做什么工作，人的一生都有三次以上的机会，只要把握一次，就可以不虚度此生。只是大多数人看不懂，也没准备好，辜负了老天的美意。

后记

1. 机会与危机是同义词，因为只有变动才产生机会，但也隐含危机。机会要把握，危机要避开。

2. 成功的第一个关卡是辨别机会，之后才能采取行动。大多数人一辈子没看到机会，当然也从没拔剑奋起、倾力一搏过。这些人不是没机会，而是态度、眼光不对。

3. 想要把握机会，就要相信上天是公平的，努力寻找那三次机会吧！

48

创业从简单开始

创业是迈向成功最近的道路之一，但是创业的第一步要从简单开始，找到明确的需求，提供精准的服务或商品。复杂的创业计划，通常很难成功。

一个年轻人拟了一份新事业的创业计划书，让我给他一点意见，我请他把创业计划书寄给我看看。他寄给我一份一两百页的超长文件，看得我晕头转向。

受人之托，忠人之事，我还是耐住性子，花了 3 个小时将计划书仔细看了一遍。我不得不承认，他是一个非常有心的年轻人，在他想创业的领域里钻研极深，理解得也非常透彻。

这个年轻人几乎把所有的可能都设想到了，所以这份创业计划书几乎是对整个产业链的分析，其中也指出了许多潜在的市场机会，而他的计划就从这些市场机会上展开。

我约他见面详谈，先给了他 3 分钟，请他说明他的创业计划。他十分为难地告诉我，3 分钟不可能说完。

我进一步解释，只要告诉我：市场机会在哪里？要用什么产品或服务去满足这个市场？大概要投入多少钱创业？如果做得好的话，将来的生意规模有多大？

他尝试回答这些问题，但还是说不明白。简单来说，他想做的领域，绝对有创业的空间与可能，但是，他想得太多、想得太复杂，复杂到整个计划像一团混乱的毛线球，他根本找不到解开整个毛线球的线头。

于是，我告诉他创业最重要的一个原则是：从简单开始。

大多数的新事业，通常从市场机会开始。我们会看到市场上尚未被满足的需求——通常是消费者有某种困难，但没有被解决，而消费者一直在寻求困难的解决方案。这就是需求，这就是机会。

接着，针对这些需求，规划可能的产品或服务，以解决消费者的困难。这就是我们即将开启的新事业。

之后就是设想这个新事业的执行计划，并据此完成资金规划，同时思考：如果计划成功，未来的远景如何，值不值得我们全力以赴投入？这便是规划我们投入新事业的机会成本。

按照我的经验，如果真的已构思清楚，通常可以在3分钟之内，把整个计划的核心概念说完，这就是“创业从简单开始”的原则。

对任何人来说，创业都是伟大而重要的事，所以难免会极尽可能地周全严密、小心谨慎对待，甚至会设想出一个极其复杂的计划，就像这个年轻人一样，写出一份一两百页的创业计划书。

周全严密、小心谨慎是对的，把整个事业的未来发展想透更是对的。但是想透之后，要再经过一个简化过程，把新事业计划回归到简单的概念，简化成浅易可行的执行步骤。

概念简单，自己才不迷惑；方法简单，新团队才能工作；产品简单，客户才知道要不要；资金使用方向简单，创业者才有能力负担。

经过简化，新事业才可行。

后记

1. 创业者通常能力不足、资源不足，面对简单的生意还能勉强应付，但面对复杂的计划，可能就无法执行。

2. 事前规划可以周全严密，可是一旦执行，就要简化，要聚焦在明确的市场需求上，提供功能明确的产品。要知道，客户眼中容不下复杂的产品。

49

先有对方后有我

每个人都从自我出发：想自己的利益，想自己公司的利益。人们往往为自己想得太多，为对方想得太少。许多合作破局，都是因找不到互利的平衡点。

最好的谈判起点是“先有对方后有我”。先想想对方的利益吧！

公司里的某个团队想和一个国际知名的公司合作，同事告诉我，如果我们能与这家公司合作，那么双方的优势就可以整合，将会产生非常大的综合效能，所以我们应该全力争取。我非常认同他们的想法，所以全程参与，并要求他们提出完整的合作规划。

为了确保谈判顺利进行，在他们出国洽谈前，我要求他们就合作方案给我做个简报。

简报内容确实非常精彩，却有一个极关键的缺失：我的团队想了太多的“我们”，我们的期待、我们的需求、我们要做的事，等等，却想了很少的“你们”，不知道对方的期待、需求、困难。

我要求他们延后见面洽谈的时间，重新仔细思考对方的需求与期待，先忘记我们想要做什么，替对方想清楚，想完对方的需求之后，再想想看我们能替对方做什么，我们对他们会有什么贡献，最后再提出双方可能的合作方式。

经过一个礼拜的努力之后，我的团队果真提出了一个连我自己都觉得极具说服力的合作方案，因为那是一个双赢的计划，双方都可得到利益。

我不断地重复类似的工作与类似的思考，不断地宣扬一个观念：先有对方后有我。凡事要先替对方想，想完对方，才想自己。如果发觉对方的需求，是我可能提供的服务，双方才有合作的可能，否则一切努力都白费。

不过这似乎是件很难的事，我的同事还是经常先想自己，再想对方，甚至只想着自己，忘了对方。

这是最重要的商场逻辑：生意一定有双方，单方获利的生意，只会成交一次，未获利的一方甚至会有上当的感觉；合作也一定有双边，合作成立的条件是对双边都有利。所以要促成生意或合作，一定要洞悉对方的需求与期待，彻底了解对方的需求，然后把我方的期待建立在对方的需求基础上，才有机会成功。

有些公司的信念是：客户第一，员工第二，股东第三。这也是“先有对方后有我”的极致延伸——客户、员工都是对方（相对于股东）。

服务读者，心中有读者，出版读者想读的图书和杂志，这是我们的最高信念，只不过我的大多数同事，心中想的还是“我”及“我们”：我想做什么，我想出什么书，我们能做什么，我们想得到什么，我们会得到什么，我们能出的条件是什么，我们想签什么样的合约……

每一个人一定会先从“我”出发，公司一定会先从“我们”开始，让“我”和“我们”获利最大化，这是每个人的本能。尤其当面对生意、合作、谈判时，我们也难免把自己放在第一位，一切先想自己。要进阶到“先有对方后有我”，是职场上最难突破的瓶颈。

“先有对方后有我”不能仅停留在观念上，而要在工作中具体实行：谈判前，先写下三个对方的需求，才能写下一个我方的需求；先解决对方的困难，才能提出我方的要求；站在对方的立场说话，舍弃我方的立场等。需要不断地调整和训练，才能真正突破思考方式上的瓶颈。

后记

1.“先有对方后有我”，这只是一个思考角度，先了解对方的需求与期待，虽然结果未必能令对方满意，但至少心意感人。

2. 在设想对方的需求之后，最好能排出先后顺序，什么是对方绝不退让的，什么是可以妥协的，再决定己方该如何应对。

3.“先有对方后有我”，是谈判成功的先决条件。

▶ 创业执行

如果说创业筹备工作，都是属于策略面的大事，那么相较之下，创业执行则多属于细节层面。但细节会决定成败，仍然疏忽不得。

理论上，创业执行应该是按照创业计划来进行的（前提是你是个深思熟虑的创业者，一切规划严谨），但由于创业本身具有高度的不确定性，因此执行时会有更多见招拆招、因时制宜的状况，这时就看创业者的紧急应变能力了。

这一部分提出了一些工作上的技巧，以及用人、解决问题时的一些经验，给创业者当作他山之石，供借鉴参考。

50

孤寂是职业生涯的必修课

——创业者的专注力

创业者对机会敏感，对新生事物充满兴趣，常犯的毛病是不够专注，容易被引诱。因此启动创业计划之后，要专注于本业，就算所投入的是个冷门行业，也不可以左顾右盼，三心二意。

一位非常能干的下属对任何事都有高度的兴趣。当IT杂志盛行时，他跃跃欲试想下手办IT杂志；当网络勃兴时，他又热衷于投入公司的网络部门；当大陆市场兴起时，他也表达了想去大陆工作的意愿。

虽然公司都没让他得偿所愿，但每一次也都大费周章地评估可行性，他的多元兴趣其实给我带来了一些困扰。

另一个相关案例发生在图书出版业，出版市场是全社会关注点的缩影，每一年社会上都会有新流行、新热门话题，而出版市场中也会出现相应的热门畅销书。许多出版人随时都在追逐流行，当热门类型出现时，便争相投入，抢着出相关的图书。他们是市场中的机会主义者，哪里热门就去哪里，什么流行就做什么。当然有一些人也因此赚到了钱，但大多数人如果速度不够快，很可能会被套牢。

守住专长不断钻研

这两个案例，都与人性中害怕孤寂、喜欢热闹的因素有关。从众心理是人类的本性之一，看到人群聚集，就会好奇观望，想上前了解。

在生活中追逐流行或许无可厚非，但在工作中与生意上，追逐流行绝对是个悲剧。在证券业及银行业开放时，辞掉原有的工作，投入其中的人，因为半路出家，专业能力不足，后来沦为被遣散一族；在网络兴盛时投入的人，在网络泡沫破灭之后，则沦为网络孤儿。期待乘浪而来，但也要有时刻可能被浪潮淹没的心理准备。

我最怕不安分的员工，他们每天都在关注外界的变化，都在打听最新的消息，生怕错过任何一个机会，没能搭上市场勃兴的列车。现在的工作只是他们暂时停驻的旅店，他们随时都想赶时髦。

我从来没见过这样的机会主义者会获得真正的大成功，因为潮流会不断变化，没有人能永远抓住潮流。再加上半途插入流行的行列，代表着你对这个行业可能一知半解，你的核心能力不足，那么你必然优先被淘汰。

真正的成功者，会守住一项本业、一种专长，不断钻研、不断学习，最终成为这个行业中专业的人。至于这个行业是不是现在社会上最热门、最时兴的行业，则非他们所关心的事。

上天对每一个人都是公平的，流行不断变化，你所从事的行业一定会有勃兴的时候，只要你准备好，当镁光灯的光线汇聚时，你就会成为当红的明星。

大多数人需要花很长的时间忍受孤寂，那是你隐在暗处自我修炼的时间，所有的孤寂、所有的修炼，都是成就辉煌的必经过程，要有台下的十年功，才能期待台上十分钟的完美演出！

后记

在未启动创业计划时，你可以广泛地关注环境的变化，注意新兴事物、热门行业，可是一旦做出了选择，就要忍受孤寂，全力以赴。

51 摸黑找答案
——创业者解决问题的能力

创业从来就没有标准答案，甚至可能是走在市场的前端，探索的是全新的生意模式，这时创业者是个探索者，就好像处在黑暗中，你要摸黑找答案。

我永远忘不了第一天做记者的经历。

那一天我到报社上班，因为不是新闻科班出身，因此我忐忑不安。我的主管看到我，就丢了一大堆资料给我，说："你把这些资料改写成500字的新闻稿，写完交给我！"

接到指令，我愣了一下，不知如何是好。因为我不知道什么叫"新闻稿"，更不知道如何写"新闻稿"。我完全没受过任何当记者的训练，更惨的是第一天到报社，举目无亲，没有任何人可以问，那是一个人被丢到荒郊野外，要自力救济、野地求生的感觉。

我本来直觉地想去找那位主管请教如何写新闻稿，但再一想，我才第一天上班，万一主管觉得我竟然连新闻稿都不会写，要我回家怎么办？不行！我一定要自己找到答案。

于是我去找当天的报纸，仔细研究报纸的内容，发现报纸的内容大约可分为两类：一类是以"本报讯"开头的文章，另一类则是有署名的文章，没有"本报讯"三个字。我判断，有署名的文章比较重要，而我第一天上班，应该轮不到我写有署名的文章。因此，"新闻稿"一定不是有署名的文章，应该是那种以“本报讯”开头的文章。

接下来，我仔细阅读所有以“本报讯”开头的文章，并开始归纳其写作方法。我发觉，通常第一段要涵盖内容重点，并点出主题，其后段落再带出全部内容。有了这个结论，我就用这个方法写出了我生平第一篇“新闻稿”，并在极度不安的状态下交了卷，担心着被打回来。没想到，我的主管大致浏览了一下，没有任何回应，又去忙他的事了。

我的记者生涯就是在这种孤立无援、野地求生、“摸黑找答案”的情况下开始的。

创业之路须摸黑前行

也许是因为有这样的经验，在其后的职业生涯中，我很习惯于“摸黑找答案”，对任何新事物我都不害怕。我也常常在孤立无援中，在没有足够信息的情况下，尝试用自己的力量，一步一步寻求解答。没有路，自力救济，找到路，走出来。这种“摸黑找答案，没路找到路”的特质，变成了我的核心能力的一部分。

其实在工作中，这种孤立无援的状况并不常遇到，就算是面对百分之百的创新事物，我们都有机会去请教别人，寻求解答。但“摸黑找答案”是每一个人面对困难的终极应对方式，能“摸黑找答案”，代表你的能力具有无限可能。

要培养出“摸黑找答案”的能力，首先要相信自己能够在没有外援的情况下自力救济，只要有信心，就可以不忧不惧，自己慢慢寻求解答。

其次要冷静，其实任何情境中，都可能留下各种解决问题的蛛丝马迹，我们只要冷静地观察，仔细地分析，都不难找出可能的解决方案。

最后，就是要放手一搏，犹豫不决只会坏事，“摸黑找答案”本来就无全然的胜算，没有信心，不去尝试，必输无疑。

后记

1. 创新事业就是在探索全新的市场领域，可能的收获最大，但风险也最大，如果创业者抱怨没规则可循，那他就不该投入到创新事业中。

2. 创业者有太多“不会”的事，面对“不会”要立即学会，“摸黑找答案”是克服“不会”的方法。

52

“好警察”与“坏警察”

——创业者的制衡方法

创业者在公司中拥有绝对的权力，每个人都想从你身上得到好处，如果你性格软弱，不敢拒绝，那么最好的方法是替自己找到能制衡的力量，替你扮演“坏警察”的角色！

在美国警匪片中，警察审问犯人时，时常用“好警察，坏警察”的两面手法：由一个人扮演坏警察，穷凶极恶，完全不讲理，刑讯逼供，无所不用其极；另一人则扮演好警察，温柔攻击，突破犯人心防。这种“好警察，坏警察”的两面手法，在商业谈判中非常常见。

“好警察，坏警察”的手法除了运用在商场的谈判中，在企业经营上也运用广泛，大权在握的老板与独当一面的主管在面对麻烦问题时，都需要有人扮演“坏警察”的角色！

每一个大权在握的人，都会面临外在的期待与压力，大家都知道，只要说服你，就可以从你身上要到资源、要到好处。如果你本身定力不够，拒绝的能力不足，很可能就会做出错误的判断。所以，一个喜欢演“好警察”角色的老板或主管，一定要有一个演“坏警察”的助手配合，才能有效地处理麻烦问题。

一家上市公司的总经理告诉我，为了避免心怀不轨的大股东的不合理需索，他在股东大会上以偷袭的方式通过了一项“不得与股东有财务往来”的条款，成功阻止了大股东的借款要求。这位总经理让股东大会的决议，扮演“坏警察”的角色。

这当然是比较特殊的例子，面对的是拥有实权的大股东，才需要大费周章，动用到股东大会。比较常见的例子，是制定各种制度，让系统来当“坏警察”，这就可以避免用个人的力量来阻挡外界的压力。

让公司制度当“坏警察”

许多公司有一些有趣的规定：公司一律不准买车，如有特殊需求必须买车，须呈报董事会决议。主管如有配车需要，也要呈报董事会决议。这项规定的目的在于杜绝公司在车辆上的非必要花费，也让老板可以远离职业经理人的不当需索。这类规定有效地避免了公器私用的问题。这就是让制度当“坏警察”，也让温和的老板可以简单地拒绝困扰。

在我创业的过程中，我会把这些麻烦事，全部置于公司的规章管制之下。我把自己的权力范围缩小，并告诉大家，制度虽然是我制定的，但连我自己也要遵守，因此没有人可以例外，再怎么逼我也没用，因为谁都不可以违背制度。

在我当小主管的时候，明明已获得上司的信任，但有时候我会刻意放弃某些权力，让上司替我当“坏警察”。例如：有下属要求大幅度地加薪，我会告诉他，我没有这种权力，所以别逼我；当我想要做某些事，而自己的权威不够时，我也会要求上级主管替我背书，以他们之名发声，这都是让上司当“坏警察”的例子。

大权在握，一言而决，当然是痛快事，但也会带来麻烦。老板和主管一定要学会用“好警察，坏警察”的两面手法，这样才能真正了解使用权力的奥妙！

后记

1. 我遇到过许多小老板，名片上只印个“经理”的头衔，他们告诉我，只要人家不知道他是老板，许多事他就可以拒绝，理由是“老板”不同意。

2. 董事会、公司制度都可以是“坏警察”，董事会不同意，公司的制度不许可，所以“我”不能答应你。创业者必须为自己留个拒绝的后路。

53

你多久没提笔了？

——创业者思考沉淀的方法

创业者日理万机，许多事无法深思熟虑，以至于仓促而就。挥笔写计划，把想法文字化，用白纸黑字留下记录，是让创业者冷静沉淀的必要手段。

我常常被问到一个问题：每周都写一篇文章，并且每篇都有很好的主题，请问你是怎么做到的？

这个问题的答案很简单，因为这是我这辈子唯一会做的一件事，你不会问厨师他为什么会做菜，你也不会问司机他为什么会驾驶，一旦一件事变成你的专业，不断做这件事就是理所当然的事！

可是在每一次的回答过程中，我发现了另一个值得深究的问题：似乎有许多老板、高级经理人，已很久不曾提笔，写文章、写计划对他们来说已经是很久以前的事了！

通过谈话，我猜测这些大老板和高级经理人现在已进入“动口不动手”的“君子”阶段，所有的事由专业的团队协助，他们的头脑不停歇，嘴巴也不停歇，但手已经停下来了。所有的计划、文章，都有人代笔，久而久之，他们离写作就越来越远了。

但我可以确定一件事，这些大老板和高级经理人年轻的时候，是会提笔的！他们那时是经常写计划的！他们会从一个概念出发，想清楚每一件事，确定每一个步骤，用笔写成完整的计划，再用嘴巴去宣传、推广，然后再根据计划一步步执行，最后成就成功的企业。

他们又为何会远离写作呢？一位老板告诉我，他本来就对写作不在行，创业时百废待举，资源有限，只好勉为其难自己动笔。但这确实是个苦差事，因此当有人可以代笔时，他就不再动笔了。

我很想告诉这些大老板及高级经理人，写作没那么难，更没有那么痛苦，而且一点也不神圣，如果可能，他们都应该继续保持动笔的习惯。

通过将想法文字化做决策判断

我所谓的动笔，指的不是创作，不是写文章，而是把你所想的、所说的，用文字写下来，因为写下来是精练化的过程，可以把你发散的思绪、不精准的想法，有效地浓缩成逻辑精准、主从关系明确、层次分明、说理清晰、结构严谨的文字，这些都是决策过程优化的保证。

根据我自己的经验，想法通常是模糊的，只有一个大方向，我隐约知道其可行，但如果我不用笔写下来，想法永远是不严谨的。尤其当想法代表着一个庞大而复杂的计划时，文字化就更重要了。我会在文字化的过程中，厘清逻辑关系，然后仔细展开每一个步骤，这样我才能确知整个计划可不可行，也才能将其作为工作及决策上的判断依据。

而自己不动笔，由别人代笔有什么坏处呢？别人代笔的文字写得再好，都是别人的思维，你很可能被修饰过的精美文字所迷惑，陷入别人的思路中，欠缺了反复琢磨、推敲、肯定、否定再最后确定的过程，而这个过程，是老板与高级经理人决策过程中最珍贵的思考。

我无意因为自己是个文字工作者，就强调写作的重要性，但我确实在写作文案、计划的过程中，避免了许多决策上的悲剧，我也期待所有的经营者都不要忽略将想法文字化的重要性。

后记

有人问我："我本来就没有写文章的习惯，如何能提笔？"其实我说的不是写文章，而是用文字将想法速记在笔记本上，或在任何纸上写下你一闪而过的创意、想法，以避免灵光乍现之后忘记，这一点每个人都可以做到。

54

小数迷糊，大数清楚
——创业者财务敏感度的训练

创业是用财务报表计算成败的，所有的创业行为都会以数字为评价依据，创业者必须对数字敏感，至少要对大数清楚，要在脑中记忆，不可仰赖报表。

一位刚升为主管的同事，第一次参加业务检讨会，紧张地汇报当月的业绩，他辛苦地念着报表上的数字，“18235702 元”，然后说明这个业绩分别由三个部门完成：“业绩分别是 10023500 元、4303230 元，以及……”

我终于忍不住制止他继续往下念，并说明：只要报告大数就可以了，“万”以下的数字可以省略！

这当然是一个特殊的例子，这位新主管是个老实人，没见过检讨会的场面，所以紧张，这不足为怪，习惯了就会适应。但是对数字的感觉、对数字的熟悉、对数字的敏感，不会因为主管做久了就自动拥有。我看到许多人无论职位多高，对数字永远陌生。这种人在组织中，只能担任功能性的职位，无法升任高级管理职位。数字其实是职场中隐藏的杀手，只是大多数人都懵然无知。

我找来这位主管，告诉了他几个培养数字能力的原则与方法。

首先，“数字是重要的工作依据，对数字敏感是主管必备的能力”。这是原则与态度。如果你觉得自己是数字白痴，就要立即下决心恶补，绝不可以不当一回事。

其次，忽略小数，只记大数是最重要的方法。就像前面所述，以“万”

为单位，记住“万”以上的大数就可以了，“万”以下的小数可以不记。

没有任何人的记忆力能好到可以应付小数目，因此掌握大数是对数字敏感的开始，而大数的定义，可以随数字的性质及总量大小随时调整。

比尔·盖茨的《未来时速：数字神经系统与商务新思维》一书中说，微软的财务报表是以“百万”美元为单位的，换句话说，“百万”就是微软公司的大数。你必须要敏感的大数单位，可以是亿、千万、万，或者更低，这是每一份工作必须设定的数字敏感基准，遇到这种数字，就要记在心里（背起来），随时可以说出来，而不是看着报表念。

“了然于心”是对数字敏感的关键，要记在心里，而且知道这个数字是多还是少，是好还是坏，是平均值还是特殊极端值。

熟记各种工作相关指标值

除了对大数了然于心，还要熟记各种工作相关指标值（如每月单位平均业绩、个人平均业绩、最高与最低业绩、产品平均单位成本、销售数量）、行业相关指标值（如同行的业绩、价格），以及环境相关数字（如国民所得、人口数、市场规格）等。相关指标值具体有哪些、范围多广，完全由个人的工作内容和工作态度而定。

我个人的习惯是，尽可能放大观察及记忆的范围，只要看到的、记得住的都要吸收消化，目的是让我在面对任何数字时都可以立即有感觉、有判断，随时可以做出反应。长期训练下来，我变成了对数字超级敏感的人。

如果你只想当个小职员，领一份薪水，数字对你而言不是问题，但只要想成长，从今天起，对大数敏感吧！

后记

1. 在我遇到过的大老板中，陈茂榜（声宝电器股份有限公司创办人）的数字记忆力最好，他可以背出国民人口数、世界各国土地面积、各种统计数字，但他的数字敏感度也是训练出来的，只要有心就能做到。

2. 不只要记住数字，更要记住数字背后的意义，以此作为比较的基础。

55

寻求你自己的答案

——创业者要有信心和主见

创业者一定要用自己的方法，才能创业成功，因此请教贤者、达人、学者、教授之后，要归纳出自己的答案，才能适应自己事业的需要。

每一次演讲完的问答时间，我都感到困扰。因为有许多问题，并不是让我阐发意见，而是直接寻求我的解答，而且这些问题，很可能是他们正面临的困扰，而我的解答，很可能会被他们直接采用。这种状况，经常让我犹豫不决，我生怕在未深入了解问题的前提下的即席回答会下错药方，误导询问者。

因此我一再强调，我的说法只是一家之言，绝非标准答案，仅供参考，请读者比较、分析，找出自己相信的最佳解答。别人的建议都是不负责任的，而你要为自己的决定负完全责任，受益、受害都要一力承担，因此你要自己寻求自己相信的答案。

“寻求你自己的答案”，是我经过无数次失误之后得到的最珍贵的教训。年轻时我也常询问别人的意见，尤其是面对长者、智者和成功者，我都虚心请教，他们也都给出了充满智慧的答案，让我钦佩不已。但这些答案，常常让我在工作上感到疑惑，因为有的根本不可行，有的虽可行，但事后效果不佳。因此最后我慢慢得到了自己的结论：长者、智者和成功者的答案，都只是一家之言，不见得是绝对可行的答案，我要在听完所有人的一家之言后，重新整理、分析、归纳、判断，然后自己做一个决定。这个决定才是我自己真正的答案，而我的命运也会与这个答案紧紧相连。

解决问题的 SOP

我慢慢得到了一个解决问题的 SOP（标准作业流程）：当我遇到问题时，我不是寻求标准答案，而是寻求许多答案的组合，包括我自己的想法，也包括书本上找来的答案，当然还包括长者、智者、成功者等给出的答案。这些答案各有依据，也言之成理，但对我而言，都只是原始数据，我不能一味地相信，我需要消化整理，然后得到一个我自己相信的答案。这就是从一个问题，到一个答案，到许多答案，到最后得到我自己的答案的问题解决过程。

“一个答案”，指的是自己初步的结论，一定要先有自己的第一个答案，这个答案可能是直觉给出的解答，也可能是深思熟虑之后的解答。有自己的答案，代表你想过，愿意为这个答案负责，这有助于你深入问题的核心。

“许多答案”，就是你上穷碧落下黄泉地求索后的收获。每一个你问到的人都会给你答案，但重点不是答案，而是答案背后的逻辑和思考过程。这也是我现在的习惯，不给答案，只给思考架构，只给分析逻辑。当然一定要答案也可以，但声明这是不负责任的一家之言。当听完许多人的分析和答案之后，你很可能头痛欲裂、无所适从，这时候你需要找个地方静一静，耐住性子抽丝剥茧，重新做一个对自己负责的决定。

重新做完决定，提出自己的答案之后，别忘了比对一下自己当初的第一个答案，看看两者之间的差异。这个过程会帮助你学习与成长。

后记

这篇文章说的其实是创业者的信心和主见，创业者要有超乎常人的信心，也要有自己的判断和主见，因为没人了解你所遭遇的情况，只有你自己最清楚。你可以请教别人，但最后的决定要自己做，不可轻信别人的建议。

56

用望远镜看未来
——创业者必要的策略校准

创业者每隔一段时间，就要校准一下现在的进度是否偏离目标，这时候，将目光放到几年之后，就是“用望远镜看未来”。

我 34 岁毅然决然离职创业，我只花了 5 分钟就下定了决心，这个“用望远镜看未来”的策略校准过程，是我一生成败的关键。

34 岁那年，是我职场工作最风光的时候，我是《中国时报》的财经新闻主管，那时《中国时报》发行量号称 100 万份，是台湾地区第一大报。而我这个主管，掌管着最重要的财经新闻，台湾地区几乎所有的企业家都希望认识我，因为任何一则新闻，都会对他们造成重大影响。

我每天周旋在企业界的应酬中，自以为是重要人物，我也每天接触台湾地区财经界要人，畅谈财经大事，我几乎忘了自己只是个小记者。

我先问自己第一个问题，就这样“醉生梦死”过一生吗？（当时每日有应酬，确有醉生梦死，不知今夕何夕之感。）我的答案是：还不错，记者外面看着风光，待遇也尚可，就继续做吧！

如果继续当记者，我想我这辈子就离不开《中国时报》了，创业也就不必想了，这辈子我会在《中国时报》终老一生。这时候我决定问自己第二个问题：20 年后，当我 54 岁时，我会在《中国时报》担任什么职务？

这就是“用望远镜看未来”的策略校准，对现状感觉不错，那么长远的未来呢？

决定创业的策略校准

我先问自己，我会变成老板吗？不会，我不是老板的儿子，我不可能接班成为老板，这个答案让我十分沮丧，因为创业一直是我的愿望。我接着问：我会变成发行人、总经理、总编辑、社长吗？答案都是有可能，我可能会担任这些仅次于老板的重要职位，但我却更加不快乐，因为这些职位，都只是报社老板的棋子，会上台，也会下台，上台的时候高高兴兴，下台的时候凄凄惨惨。我不喜欢我的命运掌握在别人手中，我希望快乐自主，做我自己。我喜欢新闻工作，但我不喜欢变成报社老板的棋子，我若继续在《中国时报》待下去，我这一辈子会不快乐、会后悔，我做不了自己！

我回答完自己的问题后，5 分钟之内就辞职了，因为当我“用望远镜看未来”，进行了一生的策略校准之后，我确定替别人打工这条路不会达到我想要的目标，此刻不辞，更待何时？

人的一生有无限可能，你可能立下志愿、定下目标，将之作为你一生的追逐方向。可是每个人也活在当下，被每天的例行生活所束缚，因此我们要定期做策略校准，检查一下我们是否逐渐远离了我们早已设下的人生志愿与目标，这就是所谓的“用望远镜看未来”。

为什么我在问完第二个问题后，5 分钟之内就决定辞职创业了？原因很简单，我想创业的念头早已存在于心中，早已是我内心长久的呼唤，只是我习惯于每日工作的安逸，而继续“醉生梦死”。但这种安逸的生活禁不起我自己用“20 年后会如何”这么简单的问题去检验。当我想象未来的可能时，我知道我现在走错路了。

这不是佛家的“顿悟”，这也不是忽然之间就想清楚了人生复杂的命题，而只是一次比对。比对我现在所做的事和我想走的路，以及我未来的人生规划之间的关系，当现在的路和未来的目标不在同一个轴线上时，我知道我要悬崖勒马了。

我们除了每天活在当下，也要每隔一段时间就用望远镜看看未来会如何，问问自己：这是我想要的人生吗？

后记

1. 失之毫厘，谬之千里，每天很小的误差可能会酿成无法挽救的悲剧，不时校准是创业者必要的工作。

2. 这也是在想明天的事，人无远虑，必有近忧。

57

对的人的力量
——创业者找人的原则

创业者要先把自己变成对的人，这最好在创业前就完成，然后为团队寻找对的人，当所有对的人聚集时，创业就成功了。

在铭传大学教书的经验，让我体会到，一个对的人力量有多大。

两年中，我教的是新闻写作和杂志编辑，这两门课都有很多的项目作业，我出的题目中有难有易，简单的作业学生很容易就完成了，但也有较不易完成的。后来我发现，有些学生总能完成作业，无论难易。

下一次布置作业，我刻意让这些能完成作业的学生做一些更难的题目，他们虽然要多花些时间，但最后还是可以完成。

最后我知道，不是每一个人都可以完成作业，只有对的人可以，而且只要是对的人，不论多难的作业，他都可以完成。

我尝试了解他们的差异，我发现，那些能完成作业的人，心中想的是，老师的作业非完成不可，不完成不能向老师交代。而那些完成不了的人则认为，只要去试试看就行了，完成不了一定是老师的题目太难了，回去向老师反映。

我不愿承认人的资质有差异，但从此我知道了，一个对的人力量有多大。之后我在工作中，也努力寻找对的人，只要找到对的人，我就充分给他舞台，让他快速成为未来的接班人选。

成败关键在于是否懂得放手的艺术

为了寻找对的人，我在组织中设立了非常多的小团队，也设立了很多的任务编组，而每一个团队都由一个人负全责，他就是一个小老板，他可以做所有的事，同时要为成败负完全责任。

在这种状况下，很容易就能看出来谁是对的人。有的人很快就能上路，他可能天生就是对的人；有的人慢慢学会，中间也会犯一些错，但他知错能改；也有的人做不好，但理由多多，碰到这样的人我就知道该换人了。

为了让对的人发挥最大的力量，我也会让一个人先做完新事业的工作规划，测试生产流程，直到做出新产品，证实新产品可行、生产流程有效率，才下决心创建新事业。

我曾经让一个人默默地工作了半年，一直到他编出了新书，找到了正确的工作模式，才正式为他成立新部门。一个对的人，会为全公司开创出全新的事业。

对的人不害怕新事物，他们认为新事物总要有人尝试；对的人不害怕一个人做事，他们相信有多少人做多少事，一个人也可以按部就班地做出一些事；对的人不挑事，他们认为公司主管会派他们去做这件事，一定有道理，而且他们对自己有自信，任何事都可以试试看；对的人不怕陌生的环境，他们可以在黑暗中，慢慢找出路来……

对的人是组织中那些做出 80% 贡献的 20% 的人，替每一个部门找到对的主管，让每一个对的人出头，然后放手让对的人发挥，是公司成功的关键。

员工则应该问自己，你是那个组织迫切需要、极力寻访的对的人吗？还是你在不断地拒绝加入对的人的行列？

后记

1. 一位创业者向我抱怨，他就是找不到优秀人才，所以创业一直没做好。我回答他，创业就是要找对的人，你连这件最基本的事都没做好，怪不得创业不成。

2. 没找到对的人，很可能因为创业者本身就是错的人。

58

百分之百信赖
——创业者如何激发团队潜能

创业要从一个人出发，从极小的团队出发。小团队的好处是手眼协调、向心力强，但如何让你周围的人信赖你，从而全力以赴呢？先完全信赖他们吧！

我和我的下级主管之间有一项不为人知的默契：所有的公文，只要我看到他们签字了，我就闭着眼睛签字。这代表我对他们完全信赖，任何事情，只要经过他们的手，他们认为可行，到我这一关我绝对会同意，我不会有任何的质疑，我百分之百信赖他们的判断。

有一些刚升职的下级主管，当我告诉他们这个百分之百信赖的原则时，他们很害怕，他们担心我不替他们把关，万一他们做错决定怎么办？那不是连我一起拖下水？

我告诉他们别担心，这只是我个人的“百分之百信赖的何氏风格”，不代表我不替他们把关，在他们做到了仔细思考、小心谨慎的前提下，如果这件事百分之百有把握，那就放心大胆签字，我也会信赖与认同。

但是如果仔细思考之后，仍然犹豫不决，那绝对不可以签字，应该来和我仔细讨论，当有结论时，再下判断，再做决定。绝对不可以在自己没把握时，勉强下结论，那就会辜负我对他们的信赖。

我还告诉他们，在他们仔细思考、小心谨慎判断之后，纵然有些判断错误，导致我也跟着犯错，只要不是疏忽、自以为是造成的错误，我也都能包容，一切责任由我担着，请他们不用害怕。

用信赖联结，用默契工作

许多年来，对下级主管百分之百信赖的原则，已历经了无数次的考验，却几乎从没让我产生过困扰。所有的主管也没让我失望，他们虽不能说从没做错过判断，但确实没有大错。更可贵的是，他们因为这样被我信赖，反而学会了积极负责，勇于替我承担责任，让我能向上承担更大的责任，而不必不时回头，担心他们出错。

他们因为被百分之百信赖，而培养出了对自己的肯定；他们因为被百分之百信赖，因此对我有感恩之心，更加全力以赴地工作；他们因为被百分之百信赖，因此上下一心、团结一致；我因对他们百分之百信赖，因此纵有错误时，我也一肩扛起，没让他们多受责难，他们也就更加小心、避免犯错，不让我冒风险……

百分之百信赖的好处太多了，那是一种家人般全然放心的感觉，我无怨无悔地信赖他们，他们就更全心全意地保护我，而所有的工作更在这种水银泻地般的密切合作下，展现了令我满意的成果。

我承认这应是“领导与下属”之间的最高境界，用信赖联结，用默契工作。但在进入这个境界之前，还要有一些前提：第一，用人时坚持绝对道德观，不用品德及性格上有问题的人；第二，在用人之后，要对所用之人进行长期的培训与观察，要确定这个人是值得信赖的；第三，要提防马谡型的人物，马谡是个有能力的人，但轻慢自大，以致街亭失守，让诸葛亮不得不挥泪斩之，这种人是百分之百信赖的超级杀手，要绝对小心谨慎地对待。

我很骄傲我的百分之百信赖的团队关系，但这也需要所有人小心呵护，才能持久。

后记

1. 当人被认同、被肯定时，他就会变成好人；当人被信赖时，他就会变成可信赖的人；当人被不断检验时，他就会用犯错来证明你的检验有必要。

2. 我喜欢被信赖，所以我也百分之百信赖别人。

3. 如果不信赖，定个制度吧，至少制度对事不对人。

59

看懂赔钱的生意
——想象力

已经赚钱的生意，大家都看得懂，人人可以复制；赔钱的生意，则大家避之唯恐不及。但如果能看懂赔钱的原因，就可预知未来如何改善，进而赚钱。能看懂赔钱的生意，离成功就不远了。

某个机会，我遇到一家公司的三个合伙创业者，他们分别具有三种特殊的专业背景，而这三种专业又正好是在那个行业成功所应具备的核心关键能力。再加上这三个创业者都是思想单纯、道德高尚的人士，彼此分工合作，机构运作得非常好。我发现这家公司的创始人真是超完美组合，我判断他们的创业必定会成功。因此，我一再向这三个人表达我的诚意，并盼望他们开放一点股份让我投资。

当时这家公司刚创业不久，还在赔钱阶段，听到我的投资意愿，他们表示感激，但因还在赔钱，不好意思接受我的投资，他们表示等状况好转，再开放股份让我入股。

听到这个答案，我确定他们是值得信赖的人，因此更锲而不舍地追踪，诚恳地表达我的参与意愿。我就这样追踪了三年，终于得到了投资的机会。后来这家公司果真十分成功，几乎年年赚一个股本，而我的投资，也得到丰厚的回收。

讲述这个故事，并不是要炫耀我投资的成功，而是想说明在这背后隐藏了一种能力，这种能力，大多数职场中人不具备，只有少数特殊的人才会拥有，这值得探讨学习。

这种能力就是想象力。想象力就是除看懂表面的现象与已知的事实外，还能推演未来的可能变化，通过重组各项信息，增添不同的条件与要素，使已知的事实出现结构性的巨大变化。有想象力的人，往往看到与一般人眼中不一样的世界，因而也常常做出与一般人不一样的判断与举动。

以这个投资案为例，事实很简单，那是一家赔钱的公司，而且离赚钱很远，只看当下，根本不值得投资。但我不只看表面，我还看他们所具备的核心能力，看他们的品格操守，也看他们之间的互动。我确定他们很专业，值得信赖，再加上创始人之间合作良好，这样的公司绝对具备成功的要件。所以我从现在赔钱的生意中看到了赚钱的可能，我回归生意本质的原点，再运用想象力，判断这家公司前景无限。

这就是想象力，想象力须超脱现实，预演未来的可能。想象力是非线性思考，要看得出不连续的创新能力。想象力讲究的不是百分之百的肯定，而是不确定的可能。我花了很长的时间去学习想象力，努力让自己摆脱凡人的窠臼。

想象力可以用在各种地方：在个人的职业生涯规划中，有想象力才会有创造超凡的人生可能；在执行日常事务时，想象力会让我们突破原有的方法，创造新的流程；在开发新产品时，想象力会让我们摆脱既成的生意模式，产生“不连续的创新”；在寻找投资机会时，想象力更会让我们从赔钱中看到赚钱的可能，因而得到最大的回报。

以我的经验，想象力不是能力，而是眼光。当我对已知不满，对常态不满，对大家都一样的结论生气时，我就会发挥想象力，最终看到、想到异于常人的现象与结论。

后记

1. 这家公司所从事的行业，我并不了解，但我回到生意的原点，看到核心团队既具备专业能力，品格又佳，做事还努力，这种组合一定会成功，所以我才会锲而不舍地提出投资要求。

2. 赔钱有许多原因，或时机未到，或产品不到位，或资源不足……只要其原因是可改善的，生意就有可能逆转，就值得坚持。创业者要能冷静地自我剖析。

60 做好万全准备

成功是预留给准备好的人的，随时为自己做好准备，等待大显身手的机会，这是成功者的特质。

在日常的工作和生活中，我们要做好万全准备，尤其是在重大行动中，或在面对特殊考验时。

在生活中，我希望自己是个浪漫的人，不要有太多的计划，只求活在当下，让人生充满不可知的旅程。可是在工作上，我却极度讨厌意外。意外会打乱工作节奏，使工作陷入困境，所以我要求事先做好万全准备，务求意外不要发生，让工作能照计划进行，让结果能按期待出现。

我自以为自己早已习惯于事先做好万全准备，可是一趟新疆与西藏的越野车之旅，让我对做好万全准备又有了不同的理解。

19 天的新疆与西藏之旅，我们处在陌生的环境中，越野车司机是我们最重要的协作者，他们都是藏族人，虽然驾驶技术极佳，但在习惯、价值观与工作态度上，与我们有相当大的差别。理论上，我可以指挥他们，但他们也经常有自己的想法，当意见不同时，我只能适度妥协。

一路上，我发觉藏族司机间经常使用车用对讲机聊天，我忍不住要求他们不要聊天，司机反问我："难道我们不能讲话吗？"为了避免冲突扩大，我装作没听见。

最大的冲突，发生在我们穿越新疆塔克拉玛干沙漠时。

那一天，我们要日行 700 公里，从沙漠南边的民丰县，直达北边的库尔勒，其间有 500 公里的沙漠公路。我久闻塔克拉玛干的险恶，按照我的性格，事先当然要做好万全准备，因此前一天我特别留出几小时，要求藏族司机检修车子，并加满油，准备第二天一早上路。

没想到第二天，当我们即将进入沙漠公路时，藏族司机开始寻找加油站，我十分不谅解地说："昨天不是让你去加满油吗？"司机回答："沙漠公路进口处就有一个加油站，我们习惯在那里顺道加油。"

很不幸的是，这个加油站竟然没开门，我们加不到油。我们距离民丰市区加油站甚远，而下一个加油站在 200 多公里外的塔中，位于塔克拉玛干沙漠的中间。藏族司机告诉我，没关系，应该可以撑到塔中，就算撑不到塔中，反正我们同行有三辆车，可以向其他两辆车借点油。

这种情势发展，完全违背了我事先做好万全准备的原则，我虽怒不可遏，但也无可奈何。后来，我们顺利抵达塔中加油站，司机还自鸣得意，说我多虑了。

这件事让我对"做好万全准备"，有了更深刻的体会：

第一，万全准备不可有任何疏忽，还要事先确认检查。因为司机是当地人，因此我只要求，没确认，没检查，也没落实。

第二，万全准备不可有任何借口，一定要在工作启动前完成所有准备工作，不可把准备工作留到工作启动后，再顺道完成。他们犯的错是，把加油延后到上路后顺便完成。

第三，万全准备是最高原则，绝不能妥协。与藏族司机沟通时，我经常妥协，可是如果事涉安全问题，就算产生冲突，我也不能妥协。这是事先做好万全准备的必要态度。

许多道理，表面上我们已经理解，但在不同的情境下，还会对我们有不同的启发。

后记

1. 每个人的习惯不同，藏族司机对新疆与西藏的公路习以为常，而我则是生平第一次去，因此他们对我的要求不以为然，我如果要坚持自己的标准，事先就要跟催检查，否则他们不会落实。

2. 经过新疆与西藏之旅，我对冒险的容许度提高了，对高山、沙漠不再害怕，这是实际体验的成果。

61

白纸黑字才算数

社会上有许多标准：道德的标准、人情的标准、法律的标准……它们各有不同的规则。可是在生意上，当争议出现时，法律往往是最后可以依据的标准，因此，所有的承诺，只有白纸黑字才算数。

一年前，公司里的一个运营团队与一家国际知名的公司签订了一项合作案，由于双方高度互补，且谈判过程中对方诚意十足，因此这看起来是一次非常漂亮的合作，我对这次合作有着高度的期待。

没想到，一年下来，实际的业绩并没有明显增长，虽然合作本身带来了相当大的边际效益，但此次合作还是有一些遗憾。

我仔细追究原因，原来在签约时，合作方有一项承诺，并没有白纸黑字写在合约中。当时合作方认为这是执行层面的事，不需要见诸文字，再加上这项承诺如见诸文字，会使合作方的内部决策过程复杂化，因此建议我方先签合约，避开这个敏感的问题。鉴于双方都有诚意，我的同事也就不再坚持，签下了合约。

可是在实际执行时，合作方对这项承诺却一再推拖，迟迟无法履行，这也使这次合作的效益大打折扣。

我不忍心责怪我的同事，但我讲了一个让我刻骨铭心的经历：公司曾经签过一份租房合同，由于价钱还不错，所以我很快就决定签约，而在签约时，也发生过类似的情况。

房东有许多附带的承诺，由于签约时间紧急，房东的承办人员告诉我们，这些附带承诺都是“小事”，他们一定会做到，但是如果要放到正式的合约中则需经过复杂流程。由于房东是一家大公司，所使用的租约都是制式化的合约，租约的更改变动，要经过他们法务及上层主管的层层签核，所以承办人员建议我们先签再说，以免拖延时日，日久生变。

当时由于房租条件确实不错，所以我并没有坚持，就此签下租房合同。可是事后证明，所有没有写在正式合同中的附带承诺，都没有兑现。房东的理由很简单，他们一向是按照合同执行的，不在合同中的承诺，都只是谈判过程中的“沟通”，即便他们会配合，但如果有困难，他们也没办法兑现。

这就是我在签订合约上的惨痛教训，从此之后，我认清了商场中的真相：一切以白纸黑字为准，对没有体现在合约中的口头承诺，一概不能当真。所有的关键条款，只要不见诸文字，这种合约、合作，我宁可放弃，也绝对不会一厢情愿地认为合作方会给予我们方便。

一直以来，我做生意的逻辑是：只要是说过的话，我都会努力去实践，不管是否见诸文字，我向往的是“闲话一句的承诺”，大家说到做到。所以我没有把这个血淋淋的教训和我的同事分享，这当然是我的错，我没有告诉他们商场的险恶与现实，所以他们犯了和我类似的错误。

所幸，这次合作的策略意义已经达到了。我们公司在行业中的地位，也因这次合作而更加稳固，只是业绩没能大幅度增长，终究是个遗憾。所以我决定把这个商场中大家不愿清楚说出的真相，用“白纸黑字”公开。

或许对商场老手而言，这只是最基本的规则，根本不需要强调，但对信守承诺的人来说，要承认只有白纸黑字才算数，毕竟是件痛苦的事。

后记

1. 这对我来说又是一次痛苦的经历，让我颇有不经一事，不长一智之叹。我虽然不认同白纸黑字才算数，但站在公司的立场，“白纸黑字”却又是唯一可以信赖的依据。

2. 作为公司法人代表，我难免会涉入法律纠纷，但被动的居多，很少主动提起诉讼，这或许和个性有关吧。

3. 一旦进入司法程序，有时候我个人虽然想原谅对手，但基于公司利益，我也无法放手。这是另外一种诚信——对股东及公司的诚信，我不可能徇私情。

62 穿好衣服才见客

谋定而后动，准备好才出手，这是人尽皆知的道理，但是在市场上，仍然能看到许多不成熟的商品、不够水平的服务，这表明不同的人对“准备好”有不同的理解。越简单的道理，越需要进一步学习、体会。

我投资的一家网络公司，因为手中资金有限，急着推广业务、增加收入，我了解此状况后，建议它先别急着做生意。

理由很简单，这家公司当时的流量在台湾地区排七八百名，虽然作为一个目的型及功能型网站，这样的排名不差了，但要让客户下单，还很勉强；就算努力推广业务，成果也一定不会很好，只会让团队遇到更大的挫折，对运营不会有帮助。

所以，这个时候还是要在内部努力改善服务，以增加流量，至于资金不足的问题，要另谋他法去解决。

公司接受了我的建议，持续在内部改善服务，一直到流量排名进入台湾地区前 400 名，才开始全力对外推广业务。此举果然顺利被客户接受，公司的运营也渐入正轨。

这个案例诠释了我一生奉行的“穿好衣服才见客”的原则。见客就要衣着恰当、仪容整齐、举止适度，否则只会让客人见笑，让客户嫌弃。

做生意不是卖产品，就是卖服务，成功的原因无他，就是要让客户接受，其前提就是产品或服务能满足客户的需要。做好产品或服务就是穿好衣服，有了好产品或好服务才出门卖东西，就好比“穿好衣服才见客”。

这是极浅显的逻辑，但我们为什么经常“没穿好衣服”，就急着出门见客呢？

有时候，我们是因为不了解客户的期待与需求，以致穿错了衣服。我们一定有过到正式场合却错穿了休闲服的经历，我们不是不会穿衣服，而是理解错误。我们也常误解客户的需求，以致提供了错误的产品或服务。更常见的是，我们错估了客户的水平，产品或服务是对的，但是质量达不到要求，所以客户不满意，这就是典型的“衣服没穿好就见客”的例子。

理解客户是穿好衣服的第一步，但就算理解了客户，我们仍然会犯“衣冠不整就出门”的错，这可能是因为我们太急切、没耐性，也可能是因为我们资源不足、处处艰难。

心急，是每个人都会犯的错误，这可以从性格上调整，也可以设定高标准，强行要求自己在没达到标准前绝不“出门”。可是若因处境艰难，不得已让不符合期待的产品或服务“出门”，那就是灾难了。

上述网络公司的案例，就是如此。他们的产品与服务对了，只是质量未到位。其解决的方法是增资，并在持续提升质量后才“出门”。许多人创业，就是失手于这个环节，原本离成功可能只有一步之遥，但因资金不足，而在成功的门口倒下，这是非常令人惋惜的事。

不过，失败还有一种可能，就是他们不知道自己离成功只有一步之遥。如果知道，他们也会倾其所有，务必“穿好衣服才见客”。上述案例中的公司，其实真正需要的资金并不多，只是自己不确定，才会急着出门做生意。

“穿好衣服才见客”是非常简单的道理，只是客人的需求很难捉摸，自己的资源、情形也不易掌握，而“穿好衣服”的标准更不容易确定，结果造成满街都是“衣冠不整”的人，我们都可能是其中之一。

后记

1. 我常感到世界上到处可见“衣冠不整”的人，除少数特立独行者外，大多数人并不觉得自己有何不妥，这只是标准不同而已。

2. 在市场上，唯一的真理是客户认同，因此判断是否“穿好了衣服”，必须以客户的认同为标准，不可自以为是。

63 把球还给对方

这是极实用的沟通小技巧。姑且不论沟通的双方谁是谁非，持球在手，却被对方追问进度，就已经是技术犯规了，会使己方陷入不利的局面。

沟通最主要的秘诀是：把球还给对方。

一位知名的作家打电话向我抗议，抱怨我的团队许久没有和他联系，之前所谈的合作案没有了下文。我除了道歉，不能有任何解释。

我询问负责的主管，到底发生了什么事？他告诉我，半个月前他们还见面洽谈合作，当时的结论是我们公司要经过仔细研究，再进一步提出完整的计划，过程大约需要三个星期，之后再约见面细谈。可是现在才过去两个星期，他就要打电话联系，约定见面时间，没想到这位作者这么急。我要求这位主管立即打电话向作者道歉，别的什么话也别说，免得惹出更大的误会。

另一个案例更麻烦。我的同事表示要再联络，但事情一忙就忘了，直到几个月后，对方正巧遇到我，狠狠地向我抱怨了一番，让我羞愧万分。

为了解决类似的问题，我制定了一个对外联系、谈判、沟通的原则——不得持球在手，要立即把球还给对方。

人与人沟通、联系、谈判，最坏的状况就是进入失联的不明状态，一旦失联，事情就不会有进展，任何可能的合作也会因此中断。

失联可能是因为双方都不在意，但也可能是因为单方的疏忽。这时候，疏忽的一方，就要为失联负起责任，也需要向对方道歉。而持球在手，又没有进一步追踪的人，就是失联的“凶手”。

前两个案例，都是我的同事持球在手，而又疏于追踪联系，引起了对方不满。所以在对外沟通、联系、谈判时，持球在手是最危险的事，应该在第一时间把球还给对方，这样既可表现我方的诚意，也可避免因疏忽而引发困扰。

把球还给对方的沟通原则，是让对方成为进一步联系的发动者，例如：“等你确定了，你再打电话给我。”还要特别强调：“我等你电话喔！”或者说：“等你做好计划，再进一步联系我们。”总之，让对方掌握主动，让我方处于等候被告知的状态。

可是常常会遇到球明明在我方手上的情况，我们又如何能把球还给对方呢？其实，预先约定下次开会、见面及联系的时间与方式，也可把球变相地还给对方，让自己没有失误或疏忽的空间。

第一个案例中，我的同事计划与作者三个星期后再联系，如果当时立即就约好见面时间，或者把提出计划的时间明确化，这位作者就不会因性急而向我抱怨，也不至于有任何误会。当事情变成日程上的约会或待办工作项目时，出差错的概率也就变低了。

这只是人际交往中的一件小事，但可能是每个人、每家公司常遇见的问题。控球在手，又导致失联的人不是没有效率且执行不精准，就是轻诺寡信、缺乏诚意。而这样的公司要么高傲自大，要么内部混乱，若要和这种公司往来，可能要审慎思考一下。

后记

1. 朋友约会，我会要求“你来约”“我等你的消息”；谈生意，我尽量要求“我等你回复”“我等你电话”。总之，想尽办法把球还给对方。

2. 如果球在我手，我会直接约定见面续谈的时间，把自己锁定，避免失误。

3. 球在手，就多失误，不可不慎。

创业陷落

创业过程中会遇到许多困境，让创业者感到不安，这时候坚定信心与持续向前的决心，是创业必经的修炼过程。但如果公司始终徘徊在生死边缘，就要回头检视自己，不可执迷不悟，以致错失逆转的机会。

64

坚持：敌人也在崩溃边缘

人的命运，极可能成败就在一线之间，事与愿违常有。人生最悲哀的事，莫过于个人选择与环境背道而驰。环境大好时，我们却放弃；环境恶劣时，我们却坚持。我们无法预知命运，只能尽自己的本分。

从 2007 年，我们公司并购痞客邦这个博客平台之后，每年总要赔三四千万元新台币。每年年终，我面对亏损，总要呻吟良久，仔细思考：明年还要继续吗？这真是个很难的抉择！

到 2012 年，我的耐性已到了极限，我告诉自己，如果今年还无法改变，明年我可能就要止损了！

可是到 2012 年年底，当再次面对亏损时，我还是狠不下心来结束痞客邦的运营，最后，我又延长了一年！

整个 2013 年，我几乎全年都处在崩溃边缘，因为我知道这可能是我坚持的最后一年，如果到年底没有起色，我可能就要放弃了！

到 2013 年年底，我又面临关键时刻的决定时，市场上忽然传来一个消息：痞客邦最重要的竞争对手——无名小站——无征兆地关门了！当我听到这个消息时，我完全不敢相信这是真的，无名小站运营结束，代表着痞客邦可以一统天下，成为台湾地区第一大博客平台。

我彻底松了一口气，因为以后可以放心大胆地经营下去了，我同时也感谢上天，因为如果无名小站继续坚持，下决心关门的可能就是我们，因为我们一样也处在崩溃边缘。

我亲身体验到了坚持的重要性，也亲身体验到了当大家都处在崩溃边缘时，能否多活一口气，可能就是胜负的分野，在崩溃边缘时，绝对不可以轻言放弃。

我也曾见识过别人处在崩溃边缘、命悬一线的案例：台湾地区的两个报业集团，曾经在美国市场打了一场中文报纸的殊死战，经过多年的面对面竞争，两个集团都精锐尽出，也不惜打一场资源、资金的消耗战，双方都亏损累累，也都面临是否放弃的抉择。

最后其中一方率先决定放弃，而当它宣布放弃时，其实另一方也正面临抉择。先放弃的一方，拯救了同样处在崩溃边缘的敌人，从此天堂地狱，天人永隔。

这两个“敌人也处在崩溃边缘”的例子，让我铭记于心，我知道不论自己现在有多苦，我都要坚持下去，因为敌人可能也和我一样，正面临放弃与否的抉择，而我只要活得比对手长一些，就可以上天堂，所以绝对不可以轻言放弃。

这种状况适用于一对一、面对面的市场竞争，如果市场中只有一家厂商，那它可以活得很好，可是如果有两家以上的经营者，那就要历经一场腥风血雨的惨烈竞争，看看谁先出局，谁最后能存活。

如果竞争不能很快分出胜负，最后进入持久性的资源消耗战，那么最后比的就是谁的“气长”，谁活得更久一些。

要想“气长”，有两个关键因素：一是主事者的决心，二是主事者的口袋。决心让人可以坚持不退，口袋则支撑了持续作战的能力，两者缺一不可！

后记

1. 在面对面的竞争中，先放弃的永远是输家，只有坚持到底才是赢家。

2. 在面对面的竞争中，掌握对手的动向是极重要的手段，因为只要活得比对手长，打败对手，就是赢家，尤其在放弃之前，应再一次确定对手的状况。

65

雪拥蓝关马不前

韩愈的诗《左迁至蓝关示侄孙湘》云：一封朝奏九重天，夕贬潮州路八千。欲为圣明除弊事，肯将衰朽惜残年？云横秦岭家何在？雪拥蓝关马不前。知汝远来应有意，好收吾骨瘴江边。

每读此诗，那句“雪拥蓝关马不前”都让我感慨万千，因为我的一生就是此句诗的真实写照。

2008年的下半年，我开始进入高度的不安中，原因是Kindle来势汹汹，传统纸媒介的生意每况愈下。经过半年的准备，我们在2009年上半年全力启动数字化变革，几乎每一个运营部门都开始测试数字产品，全公司上下既期待又怕受伤害。

一年多以后，数字新产品纷纷上线，可是市场的响应却相对冷淡，我们虽努力地调整，但一切进步有限，表面上大家都故作镇定，而心中的疑虑、担心却不能免，我自己也一样。这种情绪我太熟悉了——目标清楚，大家都全力以赴，但成果不佳停在原地，前途渺茫。这种“雪拥蓝关马不前”的感觉，我已遇到过许多次，每一次都是漫长的痛苦煎熬，虽然最后我都走过来了，可是当再一次面对“雪拥蓝关马不前”的境况时，我仍然犹豫、担心、害怕。

第一次感受“雪拥蓝关马不前”，是我创办《商业周刊》的前8年，我觉得我已投注了所有心力，一天工作16个小时，但读者不埋单，公司亏损累累。第二次是2002年到2005年，台湾地区的出版产业发展困难，我们的生意虽没变小，但也面对亏损的威胁。这一次面对数字化变革，我们虽已做了许多努力，但“雪拥蓝关马不前”的无力与茫然又出现了。

我虽然疑虑、害怕，可是我有走出“蓝关”的经验，所以还不至于丧失信心。但同事们就不一样了，我知道他们需要我的鼓励。我很清楚，“雪拥蓝关马不前”是人生中会不断面对的考验，而走出“蓝关”的困境，又是人生突破极限、攀登高峰的历程。我也是因为能从《商业周刊》及出版产业的困境中走出来，而开启了不一样的人生旅程。

回忆前两次的经验，我是如何走过来的呢？“坚定信心，持续向前”是最关键的第一步。当我们全力以赴，做了所有的努力，让新产品上市之后，却没有得到期待的掌声。虽然我们也努力调整，但市场仍然冷淡，这时候，我们就仿佛在黑暗的隧道中独行，放弃、转向、回头是最常见的应变之举，所以坚定信心必不可少。

走出困境的第二步是“强化工作的基本功”。困境代表环境不好、时候未到，所以不要急着做营销，或急着推新产品，而应回头强化基本功，要从最辛苦的底层开始改变组织。

在2002年到2005年的出版困境中，我们花了4年的时间，把每一个编辑的基本技能、每一个出版流程彻底改善、强化，表面上这是不急之务，可是事后检视，这竟然是我们突破困局的关键。

停滞不前的瓶颈、“雪拥蓝关”的困境，每一个人都会不断遇见，这也是跳跃成长的必经关卡，享受这种感觉，耐住性子面对，柳暗花明就在前方。

后记

1.“雪拥蓝关”是修炼心性的最佳时刻，修炼耐性，修炼坚持，修炼诚信，修炼不背离正道。

2. 我不断遇到“蓝关”，多数是自找的，如果我追求安稳地过一生，可能不会这么痛苦，但一生也就无趣了。

66

面对绝路才能重生

这个世界上最不缺的，就是抱怨的人和有志难申的人。这些人都觉得世界对不起他们，他们有空抱怨、有空哀怨，或许是因为他们还没有面对绝路，看看这一则故事吧！

或许赤裸相见时，心灵最容易敞开，最容易听到知心话，也最容易交到朋友。在俱乐部洗浴时，总会遇到各行各业的朋友，也因而听到了一个极为励志的故事。故事的主角是一位清洁公司的老板，他拥有几百个员工，生意做得很好。按照他的说法，这可是现在台湾地区最热门的服务业，创造了非常多的就业机会，而且几乎人人可做，只要你愿意付出劳力即可。

这是一个我过去从未接触过的行业，所以对他为什么会投入清洁行业极为好奇，没想到从他那里，我听到一个从人生谷底逆转的故事。

这位朋友是军人出身，原本的心愿是成为一名飞行员，没想到身体的一个小毛病，让他无法圆飞行员的梦，因此 39 岁就从军队退役了。他拿着服役期间存的一些钱，开始闯荡商场，刚开始正好遇上房地产行业景气，做什么赚什么，这让他着实意气风发了好一段时间。

就在他踌躇满志的时候，房地产行情逆转，他的生意也降到谷底，他刚启动的一个生意血本无归，不但赔光了过去所赚的钱，还负债 2000 万元新台币，他的人生从此进入黑暗期。

因为当过军人，责任与荣誉是他最珍惜的特质，他决定勇敢面对债权人，希望大家给他一些时间，他会努力打工还债，有朝一日他一定会给大家一个交代。

就这样，在走投无路之际，他到一家清洁公司应聘清洁工，他被派到一家日企负责清洁工作。从老板到清洁工的落差，对他无疑是极大的折磨，但是他选择面对，努力工作。

他的认真负责很快引起了日企老板的注意，在日企与清洁公司合约到期后，日企老板就鼓励他来承包。有了贵人的鼓励，他就组建了一个小公司，开始了自己的事业，但其实还是以他自己做为主，人手不足时，老婆、小孩全部加入，再不足，才雇一些人帮忙。

他没日没夜地工作几年后，生意越做越大，不到10年时间，他不仅还清了债务，还把公司建成了清洁行业中极为专业的公司。

我仔细地描述这个故事，目的在于回答一个年轻人的问题。这位年轻人问我，他已经二十好几，但一事无成，只能在加油站打工，他没有朋友，没有未来，要怎么做才能摆脱一穷二白的困境，找到自己的出路呢？

这个问题，我无法回答。但是这位年轻人的境况，有这个清洁公司老板生意失败时惨吗？当然没有，至少年轻人身上没有2000万元新台币的负债。

可是，负债2000万元新台币的人愿意奋起与环境搏斗，愿意用10年孜孜不倦的努力改变一切。而这位年轻人只能困在加油站，打零工，然后抱怨社会不公平，未来没指望。或许这位年轻人还没被生活逼到绝路吧！

人无法立即赚到钱，但只要愿意努力做一件事、学一件事，加上时间的磨练，一定可以编织出另一个励志故事。或许人要面对绝路，才能重生吧！

后记

1. 绝路重生，绝不是编出来的励志故事，只要稍微留意就会发现，社会上不乏这类故事，只是我们不相信而已。

2. 没遇到绝路，我们的心性就没遇到真正的考验，我们的一生也就平淡无奇。

67

不到黄河心不死
——创业者不可错失急救机会

在困难中，机会一闪即逝，创业者要有足够的智慧做出选择，就算放手丢掉经营权，可能也是对公司负责任的选择。

一家上市电子公司的老板约我私下吃饭。他的公司正徘徊在倒闭的边缘，他想听听我当年长期濒临倒闭时奋斗的经验。

我知无不言，不知能否有所帮助，但从他的口中，我听到了一个老板常犯的致命错误：不到黄河心不死，错过了改革公司的关键时刻，也错过了让公司起死回生的机会。

约在他找到我 8 个月前，这家公司的上游原料供货商想向下整合，提出了增资入股计划，但因为条件并不好，所以这个老板拒绝了。谈起这一段往事，再对照公司现在所面临的困境，他相当懊悔。他承认，因为公司是他一手创办的，所以他对公司有深厚的感情，他不甘在增资之后沦为小股东，所以不愿放手。

我问他："当时你难道不知道下半年可能遭遇的危机吗？"他说："知道。"我接着问他："那你有把握处理吗？"他说："没把握。"我又问他："既知危机，又没把握处理，那为何要拒绝现在看起来不错的并购建议？"他回答："因为危机还没真正发生，我觉得还有时间等待！"

好一个"还有时间等待"，好一个"危机还没真正发生"，这就是导致企业经营者错失关键时刻的"不到黄河心不死"的心态，这种心态不知葬送了多少次公司获得救援的机会。

危中逆转的机会稍纵即逝

类似的故事太多了，雅虎的杨致远、投资银行业的雷曼兄弟，不都是如此吗？在还有机会挽救时，他们犹疑、拖延，一直到错过时机，使公司深陷更大的危机，而老板个人更是最大的输家。

在我工作的出版业，这样的情况更普遍。因为我工作的行业，在追求获利之外，还顶了一个文化责任与理想的光环。当公司陷入困境，还有能力自救，还有机会断尾求生时，老板通常会因“责任”与“理想”，不愿断然处理，因为怕对不起读者、对不起股东，更对不起创业的初衷。而最后的结果却是更大的悲剧，变成完全不负责任的倒闭闹剧。

问题是聪明的大老板们为什么会犯“不到黄河心不死”的致命错误呢？

第一个理由是太在意。这是“我”一生的心血、一手创办的事业，“我”怎能下重手整顿、断尾求生或拱手让人呢？

第二个理由是太贪心。对已发生困难的事业有过高的期待，希望有更高的出价、更好的条件。贪婪会让人错估形势。

第三个理由是太优柔寡断。险中求胜、危中逆转的机会往往稍纵即逝，每个人碰到这种关键时刻，优柔寡断在所难免，可是也往往因此错失良机。

第四个理由是太不信邪。英明的老板多数有过人的性格，不认输、不信邪的人，也会“不到黄河心不死”。

我实在不愿用下联来形容企业错失改革、变身的机会，但是“不见棺材不掉泪”确实是最好的注脚。在全世界愁云惨雾的时候，如果你的公司徘徊在存活边缘，仔细想想这些案例吧！

后记

1. 在本书出版前，雅虎的创始人杨致远已经下台，我不敢说杨致远犯了错误，但他的选择直接造成了这一结果，也是不争的事实。

2. 创业者很容易因为投入太深、“以身相许”，从而“以身相殉”，但如果公司仍有被挽救的机会，就要以自己出局为代价来交换，有时候创业者应该具有“无我”的精神。

3. 许文龙说，奇美公司可以与其他公司合并，只要能继续经营，老板不一定是我。他的胸襟令人动容。

68

山穷水尽才悔悟
——创业者不可执迷不悟

创业失败最大的核心问题可能就是创业者本身，这是大家都知道的真理，只有创业者自己不知道，所以执迷不悟的悲剧不断发生……

调整经营困难的产品线或组织，是最困难的工作之一。困难的原因不在于方法、不在于工作，而在于如何不伤害原来的主管，在于如何让这些主管认同新的运营方向，愿意心悦诚服地配合公司的调整。

公司一个有问题的运营部门，我前后花了 3 年时间去调整它，最后成功地让这个部门放弃了原有的经营模式，转成采用以公关、活动为主的非实体出版经营方式。我的困难在于这个部门的主管仍有改造空间，我不愿意用简单的遣散方法让其离职，如果能将他改造成功，我就又替公司留下了一个好的运营人才。

只不过值得珍惜的人才，都有脾气。这位主管坚信他原来的运营方法可行，只不过外部环境不成熟，如果我们有足够的耐性，等时机到了，原来的运营方法终会成功。

我明知原方法不可行，但我爱惜他，不愿粗鲁地撤掉他的指挥权，废弃他的运营模式。我第一年用分析与暗示，建议他改弦更张；第二年我告诉他，我们手上的筹码不多，无法再承受太多的亏损，并明示我们可能只剩一两年的时间来调整；第三年我则坦白说明这是最后一年，再不行，我们只有放弃。到第三年年底，情况仍未改善，我向这位主管表示抱歉，希望他扬弃过去，接受新的经营模式。

这位主管勉为其难地留下来，并用新的方法继续经营，不到半年，已见曙光，这显示新方法是对的。我得到了一个好的工作伙伴一起打拼，代价则是付出了三年的时间与金额不小的亏损。

放弃一厢情愿的坚持

我不禁自问：幡然悔悟有这么难吗？

答案是肯定的，要任何人放弃原有的想法、做法，几乎都不可能。在手上还有资源、筹码时，人们通常会执意走下去，一直到弹尽粮绝、山穷水尽之时才能悔悟。

前面这位主管如此，与我共事过的其他主管也是如此。我回想我自己亦是如此。当年创办《商业周刊》时，没到山穷水尽，我不认为自己有错，我不肯改变方法。有了《商业周刊》的经验，我对自己可能犯的错误，有了比较清楚的认知，自我适应的速度稍快了一些。后来我关掉了一些公司，由于没有到山穷水尽的地步，因此我仍然会犹豫不决。那段时间，我知道自己可能是错的，但“不到黄河心不死，不见棺材不掉泪”，要痛悟前非，要自我调整、改变，仍极为困难。

这是一个人在逆境中如何检视自己的作为，重新找到方向，重新调整步伐所面对的困难。你不太确定自己现在做的是对还是错。你害怕在黎明即将到来时，你却放弃了。你更害怕坚持得到的不是“守得云开见月明”，而是“无颜见江东父老”！在不确定中，多数人会选择一动不如一静，这也许是明显的错误，却要等到山穷水尽、弹尽粮绝才能悔悟，“自刎乌江”的结局不断重演。

如果放弃一厢情愿的坚持，冷静地看待自己的作为，知道自己极可能是“执着的笨蛋”，那么可能不需要山穷水尽就能悔悟。

后记

1. 面对错误，承认错误，立即改正，扬弃现有的做法，这是说起来很容易让人接受的真理，只是许多人不肯改变。

2. 创业者要不断地更新作为、改变方法，一直到试出有效的方法为止，“不变”一定是错的。

69

70 号登机口

人的一生中都有无法忘怀的一瞬间，香港国际机场 70 号登机口就是让我刻骨铭心的地方。那里给我上了磨炼我一生心性的最重要的一课。

我永远忘不了香港国际机场的 70 号登机口。

那是在我做生意最低潮、最痛苦的时候，眼看着几千万元新台币就要打水漂，而我仍然没能找到让自己满意的解套方法。

就在这个时候，我再一次从台湾经香港转机来到祖国大陆，我发现我的登机牌上显示的是 70 号登机口，我对香港国际机场了如指掌，但我从没去过 70 号登机口。

我坐上机场的电车，离开主航站，下了电车，拖着行李，循着标志往 70 号登机口走，那仿佛是一条永远走不到尽头的路，越走心越往下沉！这就像我当时在祖国大陆经营事业所遇到的情况，不管我多努力，不管我做什么事，不管我怎么投钱，却总是填不满事业上的资金缺口，我越陷越深。

就在我的心情降到谷底的时候，70 号登机口终于到了，我赫然发现 70 号登机口是香港国际机场最远的一个登机口，而登机口后面的停机坪远方，就是茫茫的大海。

我坐在候机室，望着窗外，望着海，我不禁想问问老天爷，这有什么暗示吗？莫非这一切不可能改变？还是要让我跳海谢罪？以我无可救药的乐观天性，这个念头一闪即逝，反而变成一个自我解嘲的玩笑。

我继续看着大海，开始寻求其他的自我启示，看看自己还能有什么想法。

我回忆过去这些年进出祖国大陆的过程。我曾经满怀信心而来，但市场的现实让我兵困不前，泥足深陷。煎熬已磨去了我的自大与骄傲，我开始彻底检视自己犯了什么错。

我犯的错真是罄竹难书：想用在台湾地区经商的经验来经营大陆的生意；以为可以急功近利；以为可以不用派人长驻大陆，而用不定期的检视和管理，就把生意做好……

不必再往下细想。我确定过去自己在大陆所做的事都是错的，因为是错的，所以无论我怎么努力，也无法把错事做对。

想到这里，我知道老天爷让我走 70 号登机口的启示是什么了。他要告诉我，尽头是海，而不是阳光大道，我需要做一个改弦更张的决定，用同样的方法继续做，不会有结果。

我决定，不论已经投了多少钱，不论已经付出了多少努力，我要让原有的生意“冬眠”，让一切留在原地。我要留住一口气，等待未来，等我准备好了再说。

“冬眠”法是我这一次学到的方法，当状况不佳时，先用最低的成本“苟活”，等待时机对了，再重新“激活”生意，生意永远是山不转水转。

我默默地告诉自己，当我决定重回祖国大陆时，我要再去看看香港国际机场 70 号登机口。而在两岸直航后，我便少有机会在香港转机了，就用这篇文章做个见证吧。

后记

1. 祖国大陆是离我最近也是最大的舞台，不去大陆经商会是我一生的遗憾，但去了又面临风险，我几度在此转战浮沉，这就是人生。

2. 人这一生就要快意走一回，选择平稳生活的人永远无法体会这种感觉。

创业误区

创业过程中充满了各式各样的陷阱，创业者一不小心就会闯入误区，导致创业失败。在这一部分，我收集了一些常见的错误，提醒创业者自我检视。

这些错误，全部集中于创业者本身。从自我检视开始，大多数创业者看不到自己的错误；创业者也很容易卷入“政治”中；创业者也难免投机取巧、搞关系；而当创业遭遇困难时，创业者也容易因拖延、固执，而错失抢救时机；如果创业顺利，创业者一旦功成名就，也很容易忘了自己是谁，因为自满、自大而自误（花未全开月未圆，敬天谨事畏人）。

我无法穷尽所有的误区，但以小见大，期待创业者自行举一反三。

70 创业者不可心存投机赚快钱之念

2008 年全球经济危机，金融海啸横空而起，直接可见的原因就是金融界投机，并购赚快钱，让金融游戏取代了实体生意，变成了大家的焦点，致使每一个人都共尝苦果！

一家知名企业的总经理私下与我聊天，谈及该集团的大老板因为一次针对网络新事业的投资，在不到三年中，获得了超过 20 倍的投资回报，从此价值观改变了。大老板心中想的、嘴上说的都是一夕快速回收成本，让他们这些经营传统企业的总经理们痛苦不堪，因为他们赚的都是“保久、保本”的薄利，在老板眼中他们似乎都成了没有能力的庸才。

这种经历我也曾经有过。20 世纪 90 年代中后期，那是网络事业兴盛的时代，我所创办的电脑家庭出版集团，正好赶上了浪潮，公司未上市交易价格就曾经超过 300 元，刚开始我不敢相信这是真的，一切就如在梦中，直到有一次我用高价卖掉一些原始股票，拿到现金之后，我才知道这是真的，我的价值观也因此改变了，当时自己心中想的也是一夕致富发横财。

老板投机，使团队也走向投机

我开始不太有耐心经营原有的事业，这些传统行业的企业在我的努力经营下，一年所得到的营业报酬率也不过 10% 左右，怎能与网络事业的点石成金相比呢？

跟那位集团企业大老板一样，我眼中看的、嘴上说的、心中想的全是快速致富发横财，而这种心态也影响了我原有的出版事业的经营。我急切地希望我的出版事业能走上数字化之路，再寻找到点石成金的新网络经营模式，我变成了“抄近道、走近路、发横财”的投机客，完全忘了回归基本面，即默默耕耘的创业初衷。

直到一位核心团队成员质问我是不是要放弃出版事业，他们说如果我对出版事业的初衷不再，他们会选择离开，不必相互牵绊、纠缠不清！

我猛然惊醒，我的初衷未变，只不过网络事业一夕崛起的经验让我心思变得复杂，定不下心来做辛苦的事，也因此影响到了所有兢兢业业的团队成员，让他们感到前途暗淡，抬不起头来。

我知道如果老板的观念不正确，对团队而言绝对是一种灾难；我知道如果老板老是想抄近道、走近路，团队会逼迫所有有想法、有原则的员工离开，导致全员投机化；我更知道如果老板老是想发横财，那么这个公司不但发不了横财，连原本应有的稳定获利也会保不住；最后，我确定，如果老板心中想的是横财，那么正派经营就不会存在，老板也会变得一身铜臭、面目可憎、众叛亲离。

每一个企业经营者都可以有高度的野心，也可以有追求获利最大化的倾向，但都要在正常、合理的运营状况下，提升获利、控制成本。就算老板要求团队要在“沙中挤出油来”，也要有其“化不可能为可能”的合理性，但这绝对与“抄近道、走近路、发横财”不同，因为抄近道、走近路，可能隐含了不合理、不合法的天方夜谭成分，而发横财更是不切实、不务本的投机心态。

老板可以有使命必达、完成不可能任务的决心，但绝不可以有“抄近道、走近路、发横财”的投机心理。

后记

1.《财富》（*Fortune*）杂志的一期封面标题“把华尔街送进监牢”，相信一定大快人心。不过，我们每一个人身上是否也会具有华尔街投机的因子呢？

2. 君子务本，本立而道生。夜路走多了，“出来混，迟早是要还的”。如果创业者走了捷径，想想自己什么时候还吧！

71

徒有关系也枉然

做生意靠关系？有道理也没道理，关系有时合用有时也无用。创业凭本事，不凭关系，心中不可太重视关系，更应回归基本，把核心能力搞好。

念书的时候，当其他的同学都还在学习知识、探索人生时，班上有一位同学就已经洞悉世情，非常理解人情世故，分析起事情来头头是道。在讨论话题时，只要这位同学开口，往往都能一针见血道出背后的真相，他的说法常常变成大家最后的结论。他的聪明、他的智慧、他的成熟，让我钦佩不已，他是所有同学眼中的聪明人。我私下觉得他应该是同学中未来最有前途的人。

不过他有一个观念是当时的我不能完全理解的。他认为社会中的一切，都是利益交换，所有的事物都讲究关系，人活在世间，也都靠关系。在念书的时候，他就会带着同学到知名教授家中走动，他告诉我们，与老师关系好，未来就有机会得到老师的帮助，因此有些“礼数”是必要的，他会主动带着小礼品送给老师。

当时我想，他实在太周到了，他想得很远，也想得很透。

毕业后，他也一直用这样的态度工作。他也做了许多事，一次听说他搭上了某个富豪，一次又听说他搭上了某个名人，应酬、喝酒、公关是他的强项，他逐关系而工作，工作内容变化极大，因为做什么不重要，有关系就好做事。他也曾有过一段不错的时光，不过总停留在小有成就的阶段，一直没有太好的成果，这与我当年对他的预测颇有落差。反而是那些当时表现不怎么突出的同学，毕业后只努力做一件事，最后在那个行业中获得了较大的成果。

一次同学聚会，酒过三巡之后，他承认：洞悉世情、相信关系，一辈子追逐关系，限制了他的成就。

态度决定一生的命运

我当年的疑惑终于解开了：刻意和老师搞好关系，这样的态度决定了他一生的命运。

这位同学有才气、聪明、早熟，待人处世中规中矩，但他认为，关系是一切事情成功的关键，因此他努力交朋友、攀关系，也努力营造各种往来的机会，与有权、有资源的人搭上关系，这些他都做得很好，只不过他缺乏一种专业技能、一种特殊的核心能力，因此就算靠关系取得了机会，他也未必能做得好。或者应该说，他认为只要做得一般就可以，因为明天这个关系未必存在，没有关系，他就未必能再做一样的事。

逐关系而活，任何事差不多就可以了，这是他一生的态度。

这个故事印证了我相信的事：态度决定一生的命运。内心的思维、内心的价值观、内心的想法，决定了每一个人的态度，而态度则决定了每一个人的工作方法、工作范围、工作过程及工作结果。

相信努力做事会有回报、相信专业能力会得到认同，那一辈子就努力学习专业，这是一条路。而关系只是外部变量，只是因缘际会的运气变量，可以期待，但不是唯一可以相信的事，不值得我们花一辈子的时间去追逐。

后记

1. 社交型人才（social guy）是商场中常见的类型，但这种人只会有小成绩，很难成就大事业。

2. 靠关系的生意做不大，而且很可能会一夕覆亡。

3. “有关系就没关系，没关系就有关系”，这句话只能听听，不可相信。

72

仰望星空，脚踏实地

成功的人有两种特质，一是务实，一是有梦想。他们既能脚踏实地，又能仰望星空筑梦，然后在两者之间搭起天梯，连接两端……

一个野心极强的年轻人，在努力了很多年后，终于向我坦承，他愿意设定一个较务实的目标，一步步地实践，他要把一切远大的理想抛诸脑后，不让那些理想再折磨自己。

这个年轻人，我看着他创业十余年，虽然没能大放异彩，但也算差强人意，有个稳定的格局。只不过他野心极大，一直设定很高的目标，期待自己的公司向世界级的公司看齐，要有一番惊天动地的作为。所以这些年来，他总觉得自己一事无成，常常自我为难、痛苦煎熬。

我不止一次地提醒他：目标远大是好事，但如果大到不可行、不切实际，就是灾难，不但会让自己信心受挫，更会使团队无所适从。我总是试图把他的理想，落地为可行的计划，但是成果有限，他老是为摘不着的月亮而自我折磨。

这一次听到他这么说，我当然非常高兴，他终于能自己走出死胡同了，这对他自己、对公司而言都应该是好事，或许他的人生从此会走上正轨。

不过，敏感的我却也感受到了不好的征兆，因为他眼中的亮光不见了，他说话的口气带着放弃的无奈，而不是彻悟之后的豁然开朗，更不是找到答案后的满心喜悦。

我知道过与不及都不是好事，如果他从现在开始，满足于现有的成就，那这样一个好人才，也就浪费了。

我鼓励他，设定合理的目标是对的，但不可因此而灰心丧气，心中还是要有远大的理想。每一个阶段目标的达成，都代表着离远大目标更进一步，这才是创业者正确的态度。

“仰望星空，脚踏实地”，是创业者的愿景与实践，也是人生最正确的描述。

仰望星空，让我们知道世界有多大、目标有多远、格局有无限可能。不论现在的我们在哪里，我们都知道要往哪里去，知道目标在哪里，未来对我们而言，是有无限可能的。

仰望星空，也让我们能校准眼前的路径是否偏离了远大理想。仰望星空，还让现在渺小卑微的自己，心灵得到慰藉，继续拔剑奋起。

脚踏实地则是仰望星空后的具体实践。星空不可及，应转换成阶段性可完成的目标，然后耐心、务实、一步步地去完成。

大多数人安于脚踏实地，做好眼前的事，然后随着时间推移，环境变化，展开人生的旅程。千里之行，始于足下，一寸寸地向前挪移，从累积中会看到改变，从改变中会看到成长。雄才大略者，仰望星空，气势恢宏，但仍需回到脚踏实地的实践中。凡夫俗子则顺从现状，缺乏愿景。我们一定要在仰望星空的同时，也要脚踏实地，才能成就一番事业。

后记

1. 这位年轻人开始时野心太大，虽已小有成就，但仍痛苦不堪，最后只能放弃，却又丧失了筑梦的动力。

2. 梦想太大，尚且能作为愿景。愿景要用一辈子去追求，通常不会完成，但即使完成不了，也不应对自身造成打击。

73

魔鬼在哪里

世事祸福相连，好坏参半，遇有好事虽足喜，但也堪忧。多次的经验，让我对好事不敢掉以轻心，不时要问：“魔鬼在哪里？”

一趟旅行，我从东京到北京，再到上海，再转回台北，所有的事都如此美好。过去这两三年来我所做的布局，在这次的行程中，都得到了正面的响应，一切都按照我原先的规划逐步实施。

照理说，我应该很高兴才是，可是在虹桥飞往松山的旅程中，我反而没有一丝兴奋，有的只是担心，一个念头一直在我心中徘徊：到底魔鬼在哪里？

“魔鬼在哪里”是这几年来最常萦绕在我心中的思考。每当做成一件事，我就会想：怎么可能这么顺利？一定有魔鬼藏在哪里，只是我还没有发觉。如果有几件事都做得不错，我更会怀疑：老天不可能如此厚待我，我又何德何能承受这么多好事？我可能好运走完了，接着一定有坏事要发生！我会更小心谨慎地盘点每一件小事，尝试把魔鬼找出来，不让魔鬼在我得意与放松时，成为不可测的灾难，给我最大的反击。

对“魔鬼在哪里”的思考，通常会有几种结论，而最常见的结论是：我太得意忘形了，从内心到行为、语言，因为顺利而自我放肆，甚至萌生骄态，导致出现胆大妄为的行为。所以魔鬼就是我自己，就藏在我心中。

这是人之常情，有好事当然该高兴，难免得意，而得意之后，自然会高估自己的能力，高估组织的战斗力，于是更加放开手脚，乘胜追击，企求更大的成果，从而埋下了失手的隐患。

过去我在顺境时，总会因此犯一些错误。在这些错误中，轻微的，让我付出一些代价，折损我之前成功的利益；严重的，让我被打回原形，一切都白忙活一场。

这些经历其实是引发我对“魔鬼在哪里”进行思考的最大原因。而每次我思考过“魔鬼在哪里”之后，对顺境的喜悦感便荡然无存，虽然做不到“成功一日就忘”，可是我会彻底收敛我的言行，切忌忘了自己是谁，进而惹人讨厌、惹天忌妒。

思考“魔鬼在哪里”，第二种可能得到的结论是：我会缩小工作范围，不在顺境之后启动新的扩张计划，因为魔鬼就藏在新启动的事情中。

一般而言，我对新生事物十分小心，务求谨慎评估。但在顺境中，我会不自觉地“自我感觉良好”，看所有的事情都是阳光、正面的，对问题、对困难、对风险的判断都相对乐观，这其中自然隐藏着魔鬼，也伴随着灾难。

因此，不论是否真的找到魔鬼，我都会设法让自己冷静一段时间，让兴奋、得意的情绪退却，才会再思考下一步。

当然，许多时候，我也会在“魔鬼在哪里”的思考之后，真正找到隐藏在暗处的问题，让我接下来的工作逢凶化吉。

思考“魔鬼在哪里”或许是一种偏执，但却让我受用无穷，因为我一向胆大妄为，行事决断快速，而经常想一想“魔鬼在哪里”，能让我在顺境中退一步，少一分得意，多一分持盈保泰。

后记

1. 遇到好事，就问问“魔鬼在哪里”，或许有人会认为此举偏执且做作，但日子久了，这已变成了我的习惯。用之时时自我警惕，放荡之心因而减轻，多了戒慎恐惧，也是好事。

2. 有时候，我还真的能找到“魔鬼”。以一次北京—东京—南京之行为例，我发现其中一项合作隐藏了风险，因此不得不暂停合作，这让我减少了不必要的困扰。

3. 小心驶得万年船，常问“魔鬼在哪里”，是最好的自我警醒之法。

74

花未全开月未圆

——创业者的戒慎恐惧

创业有成是喜事，但如果忘乎所以，很容易被打回原形，最好的心态是常保“花未全开月未圆”的求缺之心。

作为一个出版人，深知要写一本畅销书有多难，成为畅销书作者更是许多人一生可望而不可即的事。因此，在我生平的第一本书出版前，我许了一个愿望：如果有幸成为畅销书作者，我要请相关的出版工作团队吃饭，以答谢他们的帮助。

没想到这个愿望在书上市 3 个月后就达成了。所有的同事，都催着我请吃饭，我一方面欣然答应，另一方面却压抑不住内心的不安。

过去每当有好事、好运出现时，我都会有莫名的不安，“福兮祸所伏”是我深信不疑的，因此，好事过完坏事来，我不断地给自己进行心理建设，如果有坏事，我认为那是理所当然的，我只希望坏事不要太坏，不要让自己不知所措。

但这一次的不安尤切尤深，原因很简单，因为这是我心中向往已久的大成就。文人重名，我非文人，但却是标准的写作匠。写任何文章对我而言都不难，长期的记者训练，更让我不爱惜自己的文字，任何报道，顷刻而就，不过都是不值一提的时效性文字，过完今天、过完这一期，这些文字很可能就与烧饼、油条为伍了。“作家”是我不敢想的头衔，成为畅销书作家更是高高在上、遥不可及的事。

天道循环，好坏轮替

那是一种达成愿望的失落感，更是大喜之后犹疑戒慎的危机感。面对夕阳，过去我只感受它的绚烂美丽，但现在，我却充分体会到“夕阳无限好，只是近黄昏”的惆怅，想让时间就停在这一刻。我怀疑，转过身来，坏运气就会迎面而来。

宋朝书法家蔡襄有一句名言：“花未全开月未圆。”我发觉这描述的是人生最好的时刻。花未全开，但美丽已藏不住；月未全圆，但光泽普照。我们享受这种美感，但又期待下一刻的全开、全圆，那是理想的终极境界。

我最难忘的是当时书尚未出版的日子，心中有向往、有期待、有感觉，那是攀登高峰前的喜悦，就好像小时候，第二天要远足，前一夜就在微笑中沉沉睡去的满足。

只不过“花未全开月未圆”时，我只急切地等候下一刻的到来，而当愿望完成之后，却感到失落与戒慎。因为天道循环、好坏轮替，每一段过程都只能小心谨慎。

经过这一次，我不只体会到“花未全开月未圆”的不圆满之美，而且体会到对期待的成功怀抱想象，是人生最好的境界。我也体会到人在最坏的时刻，仍需保持希望与乐观的道理。

在好运、大喜之后，如果人能够戒慎，恐坏事、大悲将至，那在厄运连连之时，我们也有理由不丧失希望。因为坏事多了，好事也就不远了，这正是天道循环的道理。

后记

1. 我的害怕是有道理的，在《自慢：社长的成长学习笔记》（商周出版）畅销之后，我的母亲离我而去，大悲骤至，我无以自处。

2. 创业者的戒慎之心，是常保顺境的源泉。

75

创业成功之后如何持盈保泰

创业者在成功之后，难免自以为是。天不怕、地不怕，可能是成功商人的通病。台塑集团能成就大事业，王永在的风范值得学习。

有些事情你一辈子也忘不了，尤其是如果你还有过错、有遗憾，那这种事就更会令你永远不安。

刚刚创办《商业周刊》不久，当时台塑集团的总经理王永在体谅年轻人创业不易，安排了一次饭局，给我们打气。不巧，我和我的创业伙伴都有要事，分不开身，原本事先协调我们两位之中必须有一位出席，但阴错阳差，我们都以为对方会到，结果我们两位主客竟然都缺席了。

我在外面临时接到通知，说王总枯坐在现场，主客不在，十分尴尬。我不得不尽快赶到，但也已迟到了近两个小时，我一再道歉。

令我惊讶的是，对这么不礼貌的行为，王永在竟然谈笑风生，毫无愠色，宛如什么事也没发生一般。

这件事我会一辈子记住，不只是记住我的歉意，更是记住王永在的风范。

王永在永远谦恭为怀、平易近人，在任何情形下都谨慎行事，绝不会做出令人不愉快的行为。身为台湾地区最大的石化王国的创始人，从他身上我看到了“敬天、谨事、畏人”的人生哲学。

企业界最让人诟病的就是创业时谦虚，顺境时自满，成功时自大，飞黄腾达时胡作非为，做出许多天怒人怨的事，走到这一步，挫败已不远矣！

自满、自大、胡作非为是企业家内心潜藏的犯错因子。每一位成功的经营者也都有这个因子，只是他们控制得宜，没有酿成巨祸。而有人则恣意任其横行，终至酿成灾难。

自满、自大、胡作非为会以各种形式呈现：经济罪犯王又曾撒美金让外国贫困儿童争抢，以此为乐事，是无知的自满、自大；而他从亚太电信搬走数百亿元资金，则是胡作非为。这些都说明“上帝要毁灭一个人前，必先使他有疯狂的举动”。

王又曾已成罪犯，所以他的自大、自满、胡作非为我们可以看得见。但看不见的是，现在光环罩顶、事业鼎盛的企业家身上，也随时会有自大、自满的行为，但旁人都慑其锋芒，不敢评断，即使有胡作非为的行为，也都被各种手段掩盖下来。表面上成功的企业家都英明神武，但因成功而丧失谦虚、谨慎，不时自大、自满，正在侵蚀企业家成功的基石，一直要到王国倾颓，才会真相大白。

在成功时，“敬天、谨事、畏人”是避免自大、自满，永远持盈保泰的关键。敬天是态度，拥有再多的财富，也无法对抗岁月、环境，因此要心存敬畏、小心应对。处理生意，谨慎从事，不放过小事，这是谨事。畏人则是尊敬、谦虚、不得罪任何人，有理时雍容大度，与人为善，无理时自我检讨，及时道歉，宁多交一个朋友，不多树立一个敌人，这样终将得道多助。

成功要靠长期的修为，得来不易。成功的人要“敬天、谨事、畏人”，压抑内心的骄气，才能持盈保泰！

后记

1. 有人花 10 年创业成功，却花 2 年把事业搞垮，自大是凶手。

2. 在一个行业里取得了成功，有了钱之后，大手笔扩张，以为自己是天才，结果遭遇失败，商场中有太多这种案例了。

3. 成功后要想持盈保泰，谦虚、害怕是良方。

76

当断不断，反受其乱

人难免会犯错，犯错就要认错。只不过人又都难免犹豫不决，尤其是对已经投入很多的事情，很难决断，因而导致更大的损失。“当断不断，反受其乱”，就是对此最好的注解。

我有一个项目长期亏损，所以我不得不暂时止损，等待有机会再行启动。但公司仍在，必要的工作人员也在，以最低的开销维持。尽管如此，因为预算报表上这个公司仍然存在，所以每半年财务部门总要询问我一次：“这个公司还要继续存在吗？”

一个和我一起工作十余年的老员工，因为年龄和资历，不知不觉就升到了部门主管的职位，但他是一个做事低效率且目标不明的“滥好人”，他的部门经常入不敷出，事情很多、很忙，但成果不佳，我只好把这位老员工调成闲差，由其他年轻同事当主管，这样做反而成效不错。

我知道让这位老员工退休，是最佳的解决方案，但问题是，想到他的年龄和资历，想到这许多年来的相处，我始终下不了决心。

财务人员问我，这个公司未来还有可能发展吗？我答不出来，总觉得一旦清算，我这些年的布局就彻底失败了。虽然留着也未必有结果，但总算有一线指望，至少我不需要现在就承认失败，等以后再说吧。

对这位资深的老员工，我也有类似的逃避心态，想保持现状，等待改变。问题是，他自己无力适应，组织也无法协助他改变，他变成了组织中的盲点，大家都看在眼里，都在等我的决定。

最终，我被迫出手，下决心了断一切。

“当断不断，反受其乱”这句话早就深铭我心，只是当我自己深陷其中时，难免感到“事不关己，关己则乱”。在心慌意乱中，我做不出简单明确的决定，只能让问题悬而未决，但每隔一段时间，它就要重新困扰我一下。

每个人都会遇到复杂难解的人、事、物，该进还是该退，该忍还是该断，这是最艰难的抉择。有时候坚持与忍耐，会等到柳暗花明，但也可能当断不断，反受其乱，越陷越深，最终万劫不复。那么，该如何抉择呢？

遇到艰难的情境，每个人都可能优柔寡断。上面提到的那个项目，从理性的角度分析，我早已不必期待，但感性让我犹豫，我总希望时间会改变环境，也希望有一天我能具备更充裕的力量重回祖国大陆。

同样，我也知道不能期待那位资深员工的改变，但感性让我不忍，导致日复一日，年复一年地拖着。

应该说，在困难中，我们不能有浪漫的幻想，不能有感性的温情。要在仅有的时间中，明确果断地抉择，否则将永受其乱。

后记

1. 人是感性的动物，对有些事虽知应理性对待，但有时也无法自制，让感性占了上风。要放弃感性其实不容易。

2. 如果已深陷绝境，不得不断尾求生，做这种决定并不难；而如果尚未至绝境，继续坚持可能还有机会，此时要了断，就难以取舍。这时候，既需要有更严谨的分析，也需要有更高的智慧。

77

率直轻诺，烧香引鬼

表里如一、单纯诚信，当然应是为人处世的法则。可是在复杂的社会中，并不是每一个人都如此单纯，有时候过度直率，反而会引来不必要的困扰，本文是极经典的案例。

我打过许多官司，但有一个官司让我印象深刻，也改变了我的人生态度。

那是一个著作权的侵权官司——经营出版社，稍有不慎，就会惹来侵权的麻烦。我仔细检查整个过程，发现我的编辑部门确实有些疏忽，虽然一旦上法庭，我们未必会输，但依我的价值观，只要我们有瑕疵，就应坦白认错，不要硬撑。所以我约了对方，表达我们愿意和解的诚意，而且我很坦白地把我方在其中所获得的利益向他说明了，并表示我愿意把其中大部分的金额作为和解金，以示诚意。

我本以为我如此率直、坦白、诚恳，会很快解决这个纠纷。没想到对方听完我的陈述，沉默了许久，竟然不肯答应，反而要求在我所说的基础上，再加一倍的金额。这完全出乎我的意料，我遇上了一个嗜血而贪婪的人。

我给出的和解金已超出常理，我只希望简单地解决争议，不要把精力浪费在官司上，而对方的反应，迫使我不得不与他对簿公堂。

要感谢他的是，我们最后赢了官司，我们不需要付任何费用，但过程却是漫长的煎熬。

我一直思考的是，我的和解策略为何没有成功？在第一次和解谈判时，我犯了什么错？

率直、坦白、轻诺，是我在自我检讨时得出的结论。做人率直、坦白是优点，但在官司的攻防上，无疑是公开了底牌，自毁长城。而我一开口，就把能接受的最高和解条件说了出来，这就是轻诺。对方绝对没有想到我是这么老实的人，还以为这只是我在试探他，那么他再加一倍的要求，当然是可以理解的，最后双方只好走入法庭上攻防的困境。

对方是个嗜血而贪婪的人，这种人，不论我多有诚意、多坦白，他都会再加码要求，绝不会轻易放手。过去我的坦白率直没遇到麻烦，是因为我遇到的是自制而谦和的人，所以我能成功和解，甚至还化敌为友。但遇到嗜血而贪婪的人，我的坦白就变成了灾难。

这让我想起了一句话："烧香引鬼。"随便乱烧香，请不来真神，反而会引来鬼怪。不该大方而过度大方的人，往往会吸引一群想占你便宜的人，这就是"烧香引鬼"。遇到贪婪的人，我竟然盲目地表现出率直、坦白，这只会激起他过度、不正确的期待，从而使双方处于更加尖锐的对立状态。

这数十年来，我遇到过许多台湾地区的"富二代"，这些人在个性上很少是正常的。要么是过度大方，"烧香引鬼"，周边围绕着许多吃他、喝他的酒肉朋友，甚至还引来黑道觊觎；要么是过度小心、过度小气，让人疑惑这么有钱的人，为何如此小心眼，为何如此小家子气，这又是过犹不及。

坦白率直是好事，但要看情境、看对象，一味地坦白率直，就会引来灾难。

慷慨大方也是优点，但是过度慷慨大方，也只会变成肥羊，成为有心人算计的对象。

后记

1. 这个故事，让我思潮起伏，难道我的单纯诚实错了吗？当然不是，我只是太一厢情愿地亮出底牌，引来了对手不正确的期待。其实我只要等他先开口，看他胃口有多大，再决定如何应对，这个问题就不难解决。

2. 在一个尔虞我诈的社会里，再诚实的人，别人也未必相信。一定要先了解对手的情况，再决定自己的作为。

3. 无论如何，个人的诚信还是不可放弃的。

78

钞票的颜色
——创业者不应被政治绑架

商人重利，自古皆然。但是创业者要有自己的良心，在生意至上的原则下，要坚持自己的信仰，不能卷入政治，为生意而不问是非，胡作非为。

在一个应酬的餐会上，许多人谈起台湾地区的政治，对政治人物的纠葛不以为然。其中某个人忽然冒出一句话："我们只认同钞票的颜色！"这句话获得了大家的认同，钞票的颜色才是这个社会的共识。

餐会过后我心情沉重，并不是我不认同钞票的颜色，作为一个经营者，企业盈亏当然是每天都要面对的事情，赚钱也是经营者的天职。问题是"认同钞票的颜色"这句话，似乎承载了太多含义，也反映了台湾地区的社会问题。

最简单的说法是，大家对政治无奈，因此只能谈生意、谈生活、谈赚钱，只能认同钞票的颜色。

进一步的说法则是：生意是现实的，为了做成生意，我们要取悦客户，如果客户讨厌政治，我们当然要更讨厌政治。放弃自我，以客户为尊，客户永远是对的，做成生意才是硬道理，这就是只认同钞票的颜色。

如果仅是这样，看来也没有太大的问题。因为商场上就是如此，取悦客户是天经地义的，不和客户唱反调，好像也是商场上应有的礼貌。你的立场、判断、是非、对错，为了做成生意，一时被牺牲，或短暂被客户挟持，相信许多人都有过这样的经历。

当然也会有一些人，更有原则、更有立场。或者应该说，这只是因为他们的生意做得更好，产品更有竞争力，钱也赚够了，所以他们可以挑客户、挑生意，违背自己原则的生意不做，与自己立场不同的客户不要，这种人除了钞票的颜色，还可选择自己想要的颜色，可以活得更有原则、更有尊严、更有自我。

当灵魂染上钞票的颜色

可是台湾地区社会所谓认同钞票的颜色，真的只是这样吗？真的只是一时的妥协吗？真的只是隐藏自己的政治倾向吗？真的只是短暂地为生意而折腰吗？

我的心情沉重不只是因为考虑到这些。我感受到的是，太多的人为了钞票出卖自己的灵魂，出卖自己的立场，出卖自己的价值观，出卖自己的良心！

我不相信社会没有公理，我也不相信台湾地区的教育水平如此之低，连许多基本的判断都做不对。可是，为什么在许多事情上会如此是非不明呢？

因为为钱所苦、为钱奔波的大多数人，不仅会为生意妥协，甚至会为钱出卖自己的良知、自己的灵魂！

然而，如果普通大众也被政治牵引，也被金钱污染，当良心抹上扭曲的政治的色彩，当灵魂染上钞票的颜色时，就会变成政治的奴隶，变成金钱的魔鬼。

后记

1. 2008 年的台湾地区，被贪污的阴影所笼罩。当时不乏大商人、大老板卷入其中。为了生意，这些人出卖了灵魂、出卖了原则，“穷得只剩下钱”，肮脏得连钱都无法帮他们洗净，他们起到了错误的示范作用。

2. 想创业的人，回归自己的努力，远离扭曲的政治吧！

79

金钱是什么？

——成功后对财富的认知

创业最基本的目标是获得财富，但获得财富之后，你会发觉财富有了不一样的意义。

金钱是什么？对大多数人来说，这像个白痴的问题，答案太简单了：金钱可以用来买豪华轿车，可以用来购买最舒适、最安全、最高档的产品。

金钱可以用来吃大餐，可以用来购买最高雅的气氛、最豪华的食材、最贴心的服务。

金钱可以用来旅行，可以用来预订顶级的饭店、旅馆，甚至城堡，就像 18 世纪的皇家贵族一般，奢华到无法想象。

金钱也可以改变社交活动，你往来的朋友，可以从市井小民、亲戚、同学，变成社会名流、政治人物、豪门大户、知名巨星。

金钱还可以让你变成知名人物，有钱了可以变成媒体的焦点，只要通过一两次对金钱的炫耀，全社会都会为你的财富惊叹，所有人都会认识你。

可是金钱是什么，也变成了一个永远无解的哲学问题。当你拥有豪车、拥有豪宅，可以随心所欲，并跻身上流社会，被人人称羡之后，此时金钱又是什么呢？金钱是维持这种奢华生活的门票，这是最简单的回答，你要不断地、持续地拥有金钱，才能不断地、持续地过这样的日子，过这样的生活。

当然，金钱也可以有不一样的使用方法，买名画、玩古董、搞艺术、听歌剧，但这也只是创造另一种奢华。更何况，在真正的艺术家眼中，有钱人大多是冤大头，他们只不过是用财富来附庸风雅而已。

金钱的负面价值

要积极并正面地回答“金钱是什么”这个问题很难，因为这是个无解的哲学问题。但对大多数有钱人来说，做出反面的回答恐怕比较具体和现实。以下就是常见的例子。

金钱会让子孙反目、兄弟阋于墙，太多的故事告诉我们，金钱会让亲情变质、亲人之间水火不容，如果有钱人对金钱不善加处理，日后绝对会变成社会上的大笑话。

金钱会让人像通缉犯一般，面对媒体时拿报纸遮脸，躲躲闪闪，表现出一副见不得人的样子。

金钱会让人变成“狗仔队”的“猎杀”对象，身边随时都有摄影机和照相机窥探，任何不雅的言行，很可能第二天就会成为全社会茶余饭后的谈资。

金钱会让你变成绑架对象，你会丧失自由，活在保镖当中。

金钱还会让你铜臭味十足，三句话不离钱，三句话不离财富，更会让你成为势利眼，一切事情用钱来衡量，变成一个十足的守财奴。

还有，金钱可以让你买到名气，让所有的人都认识你，但你得到的不见得是好的名声。如果有机会对有钱人做一次形象调查就会发现，许多金钱来路不明的人，名誉恐怕不会比当年“白晓燕命案”的主犯陈进兴好多少。

金钱买不到尊敬，因为尊敬来自于社会对一个人品德、学识、道德情操与社会贡献的认同，而金钱并不能和这些事情画上等号。

金钱也买不到健康，如果赚得了全世界，却输掉了健康，值得吗？

金钱的正面价值，几乎人尽皆知，但是金钱的负面价值，却不见得是所有的有钱人都清楚的。

有一次，一个有钱的富二代正深为家族的恩怨所苦，不禁感叹，兄弟之间为何会反目成仇至此。我描述了一下社会大众的心理：“你含着金汤匙出世，一生荣华富贵，有钱有势，要什么有什么，如果还一家和乐，亲情温暖，那小老百姓心中怎能平静呢？兄友弟恭，一家和乐，是小老百姓特有的温情，有钱人不容易拥有，这世界才公平！”有钱的人应多想一想金钱的负面价值，才不至于铜臭满身，面目可憎。

后记

这篇文章或许有些多余，因为大多数创业者离被金钱困扰的境界还差得很远，但我认为，先想一想这个问题也无妨。

Chapter 4 最后的告诫

创业是一条精彩的人生道路，
高低起伏，快意恩仇，让人不虚此生。
但创业途中也有许多魔鬼，藏在风光亮丽的背后，
我不想告诉你，但不能不说……

80 不想告诉你的真相

走创业这条路，只有极少数人会成功。

一个年轻人问我："创业该注意哪些事？"我问他："你想知道什么？"他说："我正徘徊在创业与不创业的边缘，举棋不定，想听听你的意见。"我回答他："这种状况下，是我最不该说话的时候，因为听完我的意见，十个人中有九个都会打退堂鼓，从此断绝创业的想法，因此这时候最好别问我，我有一些不想告诉你的真相。"

我不想让这些真相彻底摧毁年轻人对创业的向往，而且创业又是社会进步及更新的动力，缺乏创业动能的社会，必定沉闷、无趣而且死气沉沉！

有关创业的"不想告诉你的真相"是什么？它包括两点：第一点，在所有想创业的人之中，只有 10% 的人在性格上适合创业；第二点，所有付诸行动的人，只有 1% 的人会成功。

你愿意享受冒险的乐趣吗

这两个真相的真正含义是：绝大多数的人不适合创业，而创业成功的概率又低到你不能想象。所以，所有想创业及真正投入创业的人都像呆子一般，要有愚公移山的精神与傻劲。

真相中的两个数字，10% 与 1%，完全没有任何科学依据，乃是我根据自己几十年来不断投入创业及自身经营企业与观察、采访台湾地区企业运营状况，所得出的个人结论，是我个人的直觉判断。但对我而言，这两个数字所隐含的意义，对我思考创业及经营企业，弥足珍贵，而且极具参考价值。

说到只有 10% 的人适合创业，我真的看到大多数的创业者具有不能创业的性格与基因。像前面提到的年轻人，会反复问自己、问别人该不该创业，基本上，在性格上他就是不适合创业的人。适合创业的人，会一头扎进去，不会犹豫不决。他们是用热情、梦想及感性做事，而不是理性分析。

那些天生适合创业的人，就算他们来问我关于创业的事，也是问如何创业，而不是该不该创业，而且他们眼中会闪烁着希望的光芒，我知道他们心中没有任何怀疑。

大多数人不适合创业还有一个原因，那就是大多数人不喜欢冒险，视危险为畏途，可是创业却是以风险为前提的，没有风险的创业，根本不值得投入，因为回报极低。高风险、高回报，才会吸引所有的冒险家义无反顾、争相投入。

因此，不妨问问自己：你是个冒险家吗？不仅是冒险家，还要是个超级冒险家，那你才是个适合创业的人。这些人未必在现实中有上刀山下火海的冒险行为，但他们面对风险时，却有异于常人的镇定和感受，他们不但不怕危险，反而还享受冒险的乐趣。相信 90% 的人都不会如此自虐，换句话说，90% 的人都不适合创业。

我知道性格上适合创业的人是上帝的选民。而你如果误闯创业的丛林，代表你要与上天为敌，你就要彻底改变自己的性格，才有机会成功。

知道这个真相之后，还有人要创业吗？